Technik

Einblicke in die Wissenschaft

Günther Garbrecht

# Meisterwerke antiker Hydrotechnik

In der populärwissenschaftlichen Sammlung

**Einblicke in die Wissenschaft**

mit den Schwerpunkten Mathematik – Naturwissenschaften – Technik werden in allgemeinverständlicher Form

- elementare Fragestellungen zu interessanten Problemen aufgegriffen,
- Themen aus der aktuellen Forschung behandelt,
- historische Zusammenhänge aufgehellt,
- Leben und Werk bedeutender Forscher und Erfinder vorgestellt.

Diese Reihe ermöglicht interessierten Laien einen einfachen Einstieg, bietet aber auch Fachleuten anregende, unterhaltsame und zugleich fundierte Einblicke in die Wissenschaft.

Jeder Band ist in sich abgeschlossen und leicht lesbar.

Günther Garbrecht

# Meisterwerke antiker Hydrotechnik

B. G. Teubner Verlagsgesellschaft
Stuttgart · Leipzig

Hochschulverlag AG an der ETH Zürich

Prof. Dr.-Ing. Dr. sc. h. c. Günther Garbrecht
38023 Braunschweig

Bildnachweis:

| | |
|---|---|
| NINIVE: | Abb. 2: M. Boehmer; Abb. 3: Thompson/Hutchinson; Abb. 4: N. Schnitter; Abb. 5 bis 8: Jacobsen/Lloyd |
| EUPALINOS: | Abb. 1 bis 7: H. Kienast |
| KANATE: | Abb. 2, 4: G. R. Kuros; Abb. 3: H. E. Wulff |
| MASADA: | Abb. 2, 4: E. Netzer |
| ROM: | Tab. 1: N. Smith; Abb. 2: Deutsches Museum, München; Abb. 7: H. Fahlbusch |
| DRUCKLEITUNGEN: | Abb. 1: DAI, Pergamon; Abb. 2: Piranesi; Abb. 7: W. Haberey |
| AQUÄDUKTE: | Abb. 1: Museo delle Cività Romana, Rom; Abb. 2: Piranesi; Abb. 6: K. Grewe |
| SELEUKEIA PIERA: | Abb. 4: T. Aygen |

Alle übrigen Abbildungen stammen vom Verfasser.

Die Deutsche Bibliothek – CIP-Einheitsaufnahme

**Garbrecht, Günther:**
Meisterwerke antiker Hydrotechnik / Günther Garbrecht. –
Stuttgart ; Leipzig : Teubner ; Zürich : vdf-Hochschulverl.
an der ETH, 1995
(Einblicke in die Wissenschaft : Technik)
ISBN 978-3-8154-2505-3 ISBN 978-3-663-01488-1 (eBook)
DOI 10.1007/978-3-663-01488-1



Umschlaggestaltung: E. Kretschmer, Leipzig

# Vorwort

Seit frühester Zeit setzt sich der Mensch in zweifacher Hinsicht mit dem Wasser auseinander. Einerseits benötigt er es zum Leben (Hauswirtschaft, Landwirtschaft), aber auf der anderen Seite muß er sich gegen Hochwasser schützen. So gehören Einrichtungen zur Nutzung des Wassers und Bauten zum Schutz gegen das Wasser zu den ältesten technologischen Errungenschaften des Menschen. Ausgedehnte Hochwasserschutzmaßnahmen und Bewässerungssysteme waren die Grundlagen der ersten geschichtlichen Hochkulturen in den Tälern des Nils, des Euphrat/Tigris, des Indus und des Hoang-Hos. Die großen Städte des Altertums verfügten über eine hervorragende Wasserversorgung, meist verbunden mit bemerkenswerten Abwassersystemen. Wie in den ersten Anfängen der Geschichte des seßhaften Menschen, so ist auch heute die wasserwirtschaftliche Infrastruktur eine der wesentlichsten Grundlagen der Zivilisation. Hochwasserschutz und Hochwasserentlastung sind nach wie vor höchst aktuelle Themen.

Im 20. Jahrhundert bereiten Planung, Bemessung, Bau und Betrieb derartiger Anlagen keine grundlegenden Schwierigkeiten, steht uns doch ein reiches mathematisches, hydromechanisches, statisches und bodenmechanisches Wissen zur Verfügung. Als jedoch im Altertum mit dem Bau großer wasserwirtschaftlicher Systeme technisches Neuland betreten wurde, fehlten selbst die einfachsten Kenntnisse in diesen Wissenschaften. Basis des empirisch-pragmatischen Bauens waren damals das Vermögen, sich in physikalisch-hydraulische Vorgänge einfühlen zu können, die über Generationen gesammelten Erfahrungen aus vorangegangenen Erfolgen und Fehlschlägen sowie ein hochstehendes handwerkliches Können. Nur mit diesen Mitteln wurden Anlagen geplant, gebaut und betrieben, die zu den hervorragenden Leistungen der frühen Technik zählen und von denen einige als Meilensteine der Technikgeschichte einzustufen sind. Die im folgenden dargestellten Beispiele von Meisterwerken der antiken Hydrotechnik mögen das belegen.

Beim Verfassen dieses Buches war aus einer großen Zahl bemerkenswerter Anlagen, Bauten und Systeme aus 3000 Jahren Geschichte auszuwählen.Auf der Basis langjähriger Untersuchungen (Grabungen, Vermessungen) in Ägypten, Israel, Syrien, Italien und in der Türkei sowie zahlreicher Reisen zu historischen Stätten im Mittelmeerraum und im Nahen Osten habe ich deshalb Schwerpunkte gesetzt, die mir repräsentativ zu sein schienen. Ich hoffe, daß es mir damit gelungen ist, die großartigen hydrotechnischen Leistungen der Baumeister in den frühen geschichtlichen Stadien der Auseinandersetzung des Menschen mit dem Wasser in ihrer technischen Brillianz, aber auch in ihrer fundamentalen Bedeutung für den Bestand der menschlichen Gesellschaft und ihrer Kulturen zum Ausdruck zu bringen.

Ich darf mich bei allen, die mir beim Verfassen dieser Schrift behilflich waren, aufrichtig bedanken, vor allem bei meiner Frau Traute Garbrecht für das Schreiben des Manuskripts und bei Herrn Yavuz Baykal für die Anfertigung der Zeichnungen.

Braunschweig, Mai 1995 Günther Garbrecht

# Inhalt

Der Sadd el-Kafara im Wadi Garawi (Ägypten), die älteste Großtalsperre der Welt (etwa 2600 v.Chr.)

# Der Sadd el-Kafara, die älteste Großtalsperre der Welt

## Allgemeines

Im Jahre 1885 entdeckte der Afrikaforscher und Geograph Georg Schweinfurth [SCH 22] im Wadi Garawi am östlichen Nilufer die Reste einer geschichtlichen Talsperre (Abb. Seite 8, Abb. 1). Er schreibt: "...hatten die alten Ägypter in einem Tale... ein gemauertes Stauwerk zu dem Zweck ausgeführt, um die in regenreichen Wintern von den höher gelegenen Plateaustufen der östlichen Gebirgswüste oft mit großem Ungestüm herabkommenden Wassermassen aufzufangen und das von steilen Felswänden eng eingeschlossene Talbett auf eine weite Strecke zu einem dauernden Sammelbecken zu gestalten...".

Dieser historische Staudamm Sadd el-Kafara, wie das Bauwerk von den Einheimischen genannt wird ("Damm der Ungläubigen", weil seine Errichtung im Dunkel vorislamischer Zeit liegt), wurde im Wadi Garawi, etwa 30 km südlich von Kairo und 11 km südöstlich von Heluan, errichtet. Das Wadi Garawi ist eines der zahlreichen Trockentäler, in den östlichen Randbergen des Niltals.

Die seltenen Niederschläge - in manchen Jahren regnet es überhaupt nicht - machen die arabische Wüste unbewohnbar. In der Wetterstation von Heluan wurden im langjährigen Mittel jährlich nur etwa 25-30 mm Niederschlag gemessen. Dabei ist es durchaus möglich, daß mehr als der mittlere Jahresniederschlag an einem einzigen Tag fällt. Regenereignisse mit Niederschlägen über 20 mm/Tag treten statistisch etwa alle 4 Jahre auf. Die höchsten Niederschlagsintensitäten werden für Kairo mit mehr als 2 mm/Minute angegeben. Vergleichswerte für die Sahara von 0.1 bis 0.2 mm/Minute und für den Negev von 0.4 bis 0.6 mm/Minute liegen wesentlich darunter.

Grundsätzlich werden großmaßstäbliche Wasserspeicher durch den Bau von Talsperren entweder für die Deckung großen Wasserbedarfs (Bewässerung, Trinkwasser) oder zum Schutz gegen übermäßigen Wasseranfall (Hochwasser, Überschwemmungen) geschaffen. Daß der Sadd el-Kafara zur Trinkwasserversorgung oder zu Bewässerungszwecken gebaut wurde, ist unwahrscheinlich. Für eine Trinkwasserversorgung der oberhalb gelegenen Alabastersteinbrüche liegt die Sperre zu weit von diesen entfernt, und für eine landwirtschaftliche Nutzung stehen im nahegelegenen Niltal reichlich Ackerland und Wasser zur Verfügung. Infolge der geographischen, geologischen und meteorologischen Gegebenheiten im Einzugsgebiet des Sadd el-Kafara kommt es bei Starkregenfällen in Trockentälern wie dem Wadi Garawi nicht selten zu Flutwellen mit verheerenden Auswirkungen. Einheimische berichten von Sturzfluten mit mehreren Metern Höhe, die in jüngster Zeit Dörfer zerstört und Todesopfer gefordert haben. Es ist daher anzunehmen, daß der Sadd el-Kafara für den Hochwasserschutz des unteren Wadi Garawi (u.U. Bauten an der Quelle Ain Fisha) und des vor der Wadi-Mündung gelegenen Niltales (Landwirtschaft, Siedlungen) errichtet wurde.

## Datierung des Dammes

Seit der Wiederentdeckung des Sadd el-Kafara im Jahre 1885 bestand kein Zweifel darüber, daß es sich um ein sehr altes Bauwerk handeln mußte. Scherbenfunde in Gebäuderesten nordwestlich des Dammes deuteten in die Zeit des Alten Reiches. Im Rahmen einer näheren Untersuchung des Dammes im Jahre 1982 [GAR 83] wurde versucht, diese Zeitangabe zu verifizieren und vor allem auch einen direkten zeitlichen Zusammenhang zwischen den Gebäuden und dem Damm herzustellen. Dabei hat sich ergeben:

- Die Bauten auf der Talterrasse nordwestlich des Dammes bilden eine geschlossene Einheit.
- Lage, Größe, Art und Ausführung der Gebäude lassen auf einen engen Bezug zum Damm schließen. Sie können nur als Unterkünfte und Versorgungsbauten für die beim Bau beschäftigten Arbeiter gedient haben.
- Fragmente von Brotbackformen weisen darauf hin, daß an Ort und Stelle gebacken wurde. Die Gleichartigkeit des Keramikmaterials (Teller, Schalen, Bierkrüge) aus den verschiedenen Gebäuden bestätigt deren Zusammengehörigkeit.
- Der Fund von gleichartigen Bierkrugfragmenten im Schüttmaterial des Dammkörpers sichert die Zusammengehörigkeit von Baukomplex (Lager) und Dammbaustelle.
- Die Vergesellschaftung von überwiegend in die 3.-4. Dynastie zu datierenden Typen (insbesondere Knickrandschalen, polierte Näpfe, stark polierte Bierkrüge, Brotformen) ermöglicht eine Eingrenzung auf die Zeit um 2550 v.Chr.
- Eine $^{14}C$-Analyse von Holzkohlestücken aus einer Feuerstelle im

Arbeitslager führt, dendrochronologisch korrigiert, in die Zeit zwischen 2690 und 2950 v.Chr.

Mit dieser Datierung in die Zeit von etwa 2600 v.Chr. bis 2700 v.Chr. gehört der Sadd el-Kafara zu den ältesten Talsperren der Welt. Das Trinkwasserreservoir von Jawa in Jordanien dürfte zwar älter sein [HELM 77], und auch Ableitungsdämme im Kasakh-Fluß (Kasachstan) sind u.U. älteren Datums [ZON 81]. Da die Abmessungen dieser Bauwerke jedoch weit geringer sind, darf der Sadd el-Kafara wohl mit Recht als die "Älteste Talsperre der Welt" angesehen werden.

## Abmessungen und Aufbau des Dammes

Vom Damm Sadd el-Kafara, der ursprünglich 113 m lang und 14 m hoch war, sind heute noch die Dammflügel an beiden Wadiufern erhalten (Abb. Seite 8; Abb. 1). Der nördliche Flügel ist etwa 23 m lang, der südliche 27 m. Die 50 bis 60 m breite Bresche in der Mitte des Dammes ist in dieser Form durch die Hochwasser während der vergangenen 4500 Jahre entstanden (Abb. 2).

Der Sadd el-Kafara besteht im Querschnitt aus drei nach Aufbau und Funktion unterschiedlichen Elementen (Abb. 3):

- dem **Dammkern** aus Geröll, Kies, Verwitterungsschutt,
- den beidseitig anschließenden **Schüttungen** aus Bruchsteinen (Stützkörper),
- den **Oberflächenabdeckungen** der Böschungen aus treppenförmig gesetzten Hausteinen.

Der Kern des Sadd el-Kafara kann nach heutigen Gesichtspunkten als Dichtungselement bezeichnet werden. Er besteht aus Geröll, Kies und Verwitterungsschutt. Bodenmechanisch ist das Kernmaterial im wesentlichen als "kalkhaltiger, schluffiger Sand und Kies" einzustufen. Da das Schüttmaterial des Kerns im wesentlichen von den Talterrassen stammt, ist anzunehmen, daß die Schüttung des zentralen Dammkörpers vom Wadirand zur Wadimitte hin erfolgte

An den Kern schließen sich nach Oberwasser und nach Unterwasser Steinschüttungen an, die in der heutigen Dammbautechnik als Stützkörper bezeichnet werden würden. Korngerüst und -struktur beider Stützkörper entsprechen sich weitgehend. Verwendet wurden Bruchsteine mit mittleren Durchmessern zwischen 0.1 und 0.6 m (im wesentlichen 0.3 m). Farbe und mineralogische Zusammensetzung der Steine zeigen, daß sie ober- und unterhalb des Staudammes aus den Wadi-Ufern herausgebrochen wurden (Abb. 1). Sie sind wahllos aufeinander gehäuft, so daß die Stützkörper sehr unregelmäßig strukturiert sind.

Zu den bemerkenswerten Bauelementen des Sadd el-Kafara zählt zweifellos die Steinabdeckung der Stützkörper (Abb. Seite 8). Sie ist auf der Oberwasserseite, zumindest teilweise, noch recht gut erhalten, während auf der Unterwasserseite des Dammes nur noch vereinzelte Steinblöcke in situ Zeugnis davon ablegen, daß eine der Oberwasserseite entsprechende Abdeckung vorgesehen und zumindest teilweise auch ausgeführt war.

Von der oberwasserseitigen Steinabdeckung des südlichen Dammflügels sind noch dreizehn Steinreihen nahe der Krone teilweise erhalten.

In wesentlich besserem Zustand ist die Abdeckung im OW des nördlichen Dammrestes, bei der einunddreißig Stufen nachgewiesen werden konnten (Abb. Seite 8). Bei den Abdecksteinen handelt es sich um Hausteine unterschiedlicher Größe (im Mittel: 0.3 x 0.45 x 0.85 m), die aus den Wadiböschungen unmittelbar ober- und unterhalb des Sadd-el-Kafara herausgebrochen wurden (Abb. 1). Die grob behauenen Blöcke sind flach, mit der Schmalseite nach außen verlegt, so daß treppenartige Stufen von 0.3 m Höhe entstanden.

Die Neigungswinkel der Steinabdeckung ergeben sich aus den photogrammetrisch bestimmten Dammprofilen zu 44° für die unteren zwölf Steinreihen und zu 35° für den darüber liegenden Teil. Im oberen Bereich des Dammes sind zusammenhängende Stufen kaum noch erkennbar, so daß auch der Neigungswinkel nicht zuverlässig feststellbar ist.

Die einzelnen Blöcke der Steinabdeckung liegen nicht unmittelbar auf der groben Schüttung der Stützkörper bzw. auf der Talsohle auf. Es wurde anscheinend (u.U. zur Erleichterung der Verlegung) jeweils eine Lage von losem Material (Verwitterungsschutt) zwischengeschaltet. Die Fixierung der Blöcke gegeneinander und die höhenmäßige Orientierung wurde durch ein Verkeilen mit kleinen Steinbrocken erreicht.

## Rekonstruktion des Dammes

Die Ergebnisse der örtlichen Untersuchungen, der Vermessungsarbeiten und der photogrammetrischen Bauaufnahme reichen für eine Rekonstruktion des Endzustandes des Sadd el-Kafara aus [GAR 83]. Danach war vorgesehen, den Damm mit einer Kronenhöhe von 125.0 m NN rechtsufrig an die nördliche Talterrasse anzuschließen (Abb. 1, 2). Diese Terrasse liegt im Bereich des Dammkerns auf der gleichen Höhe und steigt unmittelbar oberhalb des Dammes auf rund 126.0 m NN an. Linksufrig erreicht die (südliche) Talterrasse neben dem Damm eine Höhe von nur 123.5 m NN. Bei einem Volleinstau wäre der Damm also an dieser Seite umströmt worden. Ob dieser Effekt beabsichtigt war (Hochwasserentlastung), oder ob vorgesehen war, die etwa 100 m lange Lücke bis zum Erreichen der 125-m-Höhenlinie am linken Ufer durch einen kleinen Damm zu schließen, ist nicht mehr feststellbar.

Das Gesamtvolumen des Speichers bei einem Volleinstau auf 125.0 m NN liegt bei 620.000 $m^3$. Unterhalb von 123.5 m NN können noch 465.000 $m^3$ gespeichert werden. Verdunstung (11 mm/d) und Durchsickerung des geschütteten Dammkerns würden zu einer natürlichen Entleerung dieses Wasserreservoirs in 12 bis 14 Monaten führen. Eine langfristige Speicherung von Wasser war unter den gegebenen klimatischen Bedingungen und bei der vorhandenen Dammstruktur also nicht möglich.

Standsicherheitsbetrachtungen nach heutigen erdstatischen Berechnungsverfahren haben ergeben, daß der Sadd el-Kafara überdimensioniert war. Es sind bei diesem ersten Talsperrenbau der Geschichte also sehr konservative Maßstäbe angelegt worden, ein Zeichen wohl auch dafür, daß Erfahrungen mit derartigen Bauwerken in dieser Zeit noch nicht vorlagen.

## Zerstörung des Dammes

Die Vermessungen sowie der Zustand und die Form der beiden erhaltenen Dammflügel zeigen, daß der Damm nie vollendet wurde. Nach den örtlichen Befunden kann davon ausgegangen werden, daß der oberwasserseitige Stützkörper des Dammes bei der Bauaufgabe (Zerstörung) anscheinend weitgehend fertiggestellt worden war, während im Unterwasser offensichtlich noch eine große Lücke in der Steinschüttung (und wahrscheinlich auch im Kern) bestand.

Bei einer Bauzeit von rund 8 bis 10 Jahren und bei einem 2.5- bis 4jährlichen Auftreten von Hochwassern (15 bis 18 mm Niederschlag bei einer 35- bis 50%igen Überregnung des Einzugsgebietes), die zur Füllung des (fertigen) Speichers geführt hätten, ist demnach von einer Zerstörung des Dammes während der Bauzeit auszugehen. Dieser Vorgang hat sich wahrscheinlich wie folgt abgespielt (Abb. 4):

- Die oberwasserseitige Steinschüttung (Stützkörper) und ihre treppenförmige Steinabdeckung waren zum Zeitpunkt der Zerstörung weitgehend bis auf die Endhöhe 125.0 m NN fertiggestellt.
- Der linksseitige (südliche) Dammkern und die Steinschüttung (Stützkörper) im UW war zwar fast auf voller Höhe, im Grundriß jedoch vom linken Ufer her auf nur etwa 27 m Länge geschüttet.
- Der Bau der rechtsufrigen (nördlichen) Steinschüttung im UW hing zeitlich weit zurück.
- Der letzte Zustand des Dammkerns in Wadimitte läßt sich nicht rekonstruieren, da die Kernschüttung vollständig abgespült ist. Der Kern kann jegliche Lage zwischen den beiden Steinschüttungen und jegliche Höhe zwischen der Talsohle und der Endhöhe gehabt haben.

In jedem Fall war jedoch eine sichernde Abdeckung der Dammkrone noch nicht vorhanden.

- Auf diesen Bauzustand muß dann ein mittleres oder schweres Hochwasser (Spitzenabfluß über 100 $m^3/s$) getroffen sein. Die oberwasserseitige Steinschüttung und der bereits fertiggestellte Teil des Dammkerns wurden überströmt.
- Im ungeschützten Mittelteil des verwundbaren Dammkerns trat eine schnell rückschreitende Erosion auf, die dann zu einem Einsturz der oberwasserseitigen Steinschüttung führte und als Folge zu einem plötzlichen Auslaufen von rund 600.000 $m^3$ Wasser.

Der Dammbruch führte zu einer Flutwelle von einem bis dahin nicht gekannten Ausmaß, die im unteren Wadi Garawi und im Niltal unterhalb des Wadi-Auslaufs außerordentliche Verheerungen zur Folge gehabt haben muß. Der Eindruck dieser Katastrophe ist so nachhaltig gewesen, daß das Projekt des Dammbaus an dieser Stelle aufgegeben wurde und daß auch für lange Jahrhunderte danach vergleichbare Bauwerke in anderen Flüssen nicht wieder gewagt wurden.

## Schlußbemerkung

Der Staudamm Sadd el-Kafara wurde während der Zeit des Alten Ägyptischen Reiches, etwa um 2600 v.Chr. errichtet und stellt damit in der Geschichte des Wasserbaus den ersten Versuch dar, Wasser in großem Maßstab zurückzuhalten. Bei grundsätzlich richtiger Konstruktion und bei einer durchaus genügenden Sicherung gegen Schäden, sowohl bei einer (linksufrigen) Umströmung als auch bei einer Überströmung, war es für die ägyptischen Ingenieure tragisch, daß ein damals nicht voraussehbares Hochwasserereignis während des Baus zu einer Katastrophe führte. Diese Pioniere des Talsperrenbaus verdienen jedoch, auch aus der kühlen Distanz von 4500 Jahren und auch von der heutigen Warte weit fortgeschrittenen technischen Wissens her, hohe Achtung dafür, daß sie diesen Dammbau mit den begrenzten Mitteln ihrer Zeit gewagt haben, und unser Mitgefühl dafür, daß sie an damals nicht erkennbaren und bewertbaren Naturereignissen gescheitert sind.

## Literatur


[GAR 83] Garbrecht, G.; Bertram, H.-U.: Der Sadd el-Kafara. Die älteste Talsperre der Welt (2600 v.Chr.). Mitteilungen aus dem Leichtweiß-Institut für Wasserbau der TU Braunschweig, Heft 81 (2 Bände), 1983.

[HEL 51] Hellström, B.: The oldest dam in the world. Bulletin No. 28 of the Institution of Hydraulics at the Royal Institute of Technology. Stockholm, Reprint 1951, S. 1-7.

[HELM 77] Helms, S.W.: Jawa Excavations 1975. Third preliminary report. Levant 1977.

[SCH 22] Schweinfurth, G.: Auf unbetretenen Wegen in Ägypten. Aus eigenen verschollenen Abhandlungen und Aufzeichnungen. Berlin, Hamburg: Hoffmann und Campe Verlag 1922, S. 212-231.

[ZON 81] Zonn, J.S.: A history of Irrigation in the Soviet-Union. ICID-Bulletin, July 1981.

Abb. 1 Blick vom linken Ufer auf den nördlichen Flügel des Sadd el-Kafara im Wadi Garawi (Fließrichtung von rechts nach links). Rechts im Bild einer der Steinbrüche für das Material der Oberflächenabdeckung

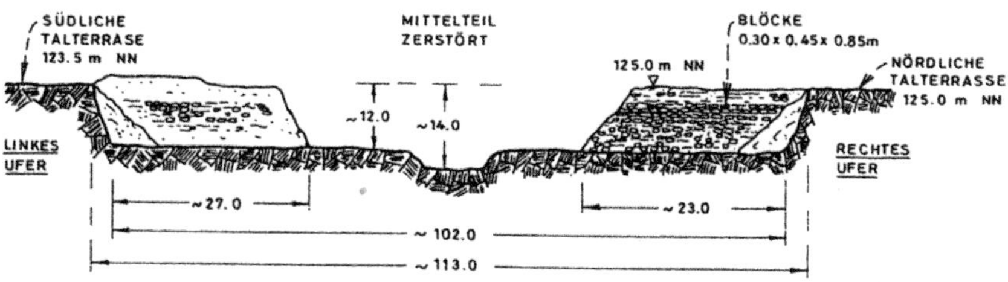


Abb. 2 Ansicht der noch bestehenden Dammflügel in Fließrichtung gesehen

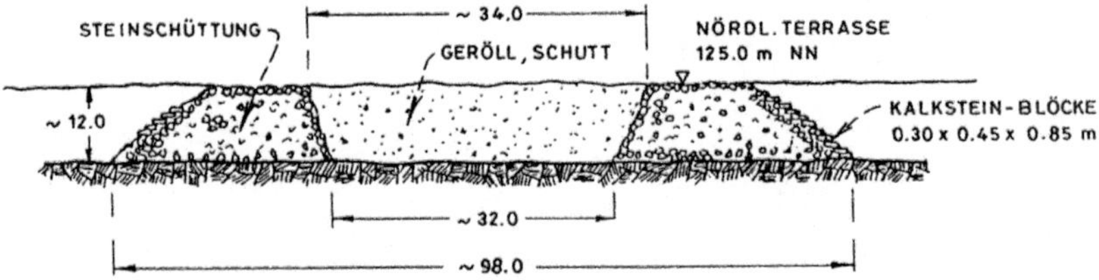


Abb. 3 Querschnitt des Dammes (nördl. Dammflügel, Abb. 1)

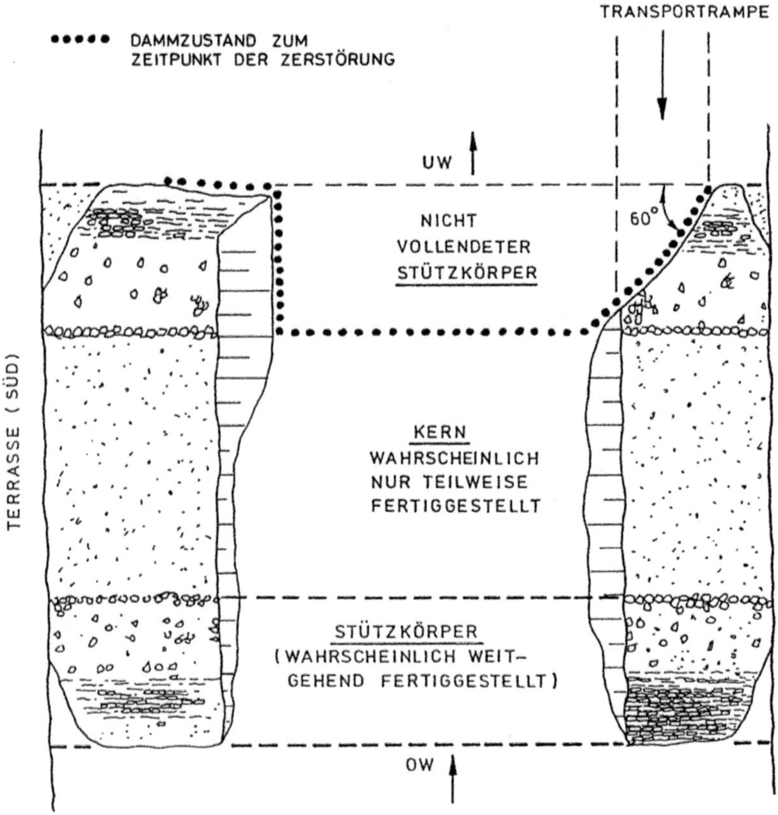


Abb. 4 Wahrscheinlicher Stand des Dammbaus zum Zeitpunkt der Zerstörung

# Die wasserwirtschaftliche Erschließung der Fayum-Senke (Ägypten)

## Allgemeines

Das Fayum ist eine rund 1800 $km^2$ große Depression westlich des Nils, etwa 75 km südlich von Kairo (Abb. 1). Die Senke ist mit dem Niltal durch einen 15 km langen und im Mittel 1.5 km breiten Durchbruch durch die Randberge der Libyschen Wüste verbunden. Sie fällt von Osten und Westen von +20 m NN auf -45 m NN ab und verwandelte sich vor etwa 2000 v.Chr. durch Überschwemmungen bei besonders hohen Wasserständen im Niltal immer wieder in einen großen See. Permanente Siedlungen bestanden nur am Seerand und auf hoch gelegenen Flächen im östlichen Teil der Senke. Landwirtschaftlich genutzt wurden zu dieser Zeit nur rund 100 $km^2$.

## Arbeiten während des Mittleren Reiches

Im Zeitraum 2122 bis 1780 v.Chr. (Mittl. Reich) wurden Teile der versumpften Fayum-Senke durch umfangreiche wasserwirtschaftliche Maßnahmen für die Anlage weiterer Siedlungen und für landwirtschaftliche Nutzungen erschlossen. Höhepunkt und Abschluß der Arbeiten sind in die Regierungszeit Amenemhets III (1842 bis 1798/95 v.Chr.) zu datieren. Dieses Meliorationsprojekt, das die Landwirtschaftsfläche im Fayum auf 450 $km^2$ ausdehnte, bestand aus:

- einer Säuberung und Reaktivierung des alten Nilarmes, der die Senke mit dem Nil verbindet (Bahr Yûsef bzw. Josephs-Kanal, Abb. 2),

- Rodung, Entwässerung und Hochwasserschutz der höher gelegenen Flächen im Bereich von Medinet el-Fayum (Abb. 2),
- Bau eines permanenten Be- und Entwässerungssystems in den neu gewonnenen Gebieten.

Ob die Verbindung zwischen dem Nil und der Senke bereits im Rahmen dieser Maßnahmen durch einen Damm mit Regulierwehr abgeschlossen worden ist, oder erst 1500 Jahre später, ist z.Zt. eindeutig nicht klärbar. Es spricht jedoch manches dafür, daß ein derartiger Damm während des Mittleren Reiches noch nicht bestand und daß die Senke (mit Ausnahme der neu erschlossenen, deichgeschützten Gebiete) als Rückhaltebecken (weitgehend frei ein- und ausfließendes Wasser vom und zum Niltal während der Hochwasserzeit August bis November) zum Hochwasserschutz Unterägyptens diente.

## Arbeiten während der ptolemäischen Periode

### *Allgemeines*

Während der ptolemäischen Zeit (insbesondere unter Ptolemaios II Philadelphos, 283/82-247/46 v. Chr.) erfolgte ein weiterer Ausbau, u.a. auch, um für die mazedonischen Veteranen der Armeen Alexanders des Großen und der Ptolemäer neues Siedlungsland zu schaffen. Das Niltal und die Fayum-Senke wurden nun durch Absperrdämme mit Reguliereinrichtungen bei El-Lâhûn am östlichen Ende des Durchbruches voneinander getrennt. Infolge der kontrollierten Wasserzufuhr und der hohen Verdunstungsrate von 1700 mm/Jahr verringerte sich die Seefläche im Fayum und erreichte schließlich in römischer Zeit etwa ihre heutige Größe (Birket el-Qarun, Oberfläche 233 $km^2$, Abb. 1, 2).

Im Rahmen dieser hervorragend geplanten und zweckmäßig durchgeführten wasserwirtschaftlichen Erschließung des Fayum ist im Südosten der Senke auch ein künstlicher Stausee geschaffen worden, in dem während der Nilflut aus dem Fluß zugeführtes Wasser temporär gespeichert werden konnte, das dann im Frühjahr zur Bewässerung einer zweiten Aussaat verwendet werden konnte.

Nach Abschluß dieser ptolemäischen Arbeiten standen im Fayum rund 1300 $km^2$ Ackerfläche zur Verfügung. Bei einer Fläche des Birket el-Qarun und der umliegenden versumpften Gebiete von 400 $km^2$ ist also gegen Ende der ptolemäischen Zeit fast die gesamte kultivierbare Fläche der Senke (1800 $km^2$) landwirtschaftlich genutzt worden, z.T. mit zwei Ernten im Jahr.

## *Der Absperrdamm bei El-Lâhûn*

Abb. 3 zeigt die (wahrscheinlich) ptolemäischen Sperranlagen am östlichen Ende des Durchbruchs in ihrer ursprünglichen Anordnung. Der Hochwasserabfluß im Niltal und der Bahr Yûsef wurden durch den Damm A-B-C aufgestaut. Die Fayum-Senke wurde durch den Damm B-D-E abgesperrt, in dem ein Bauwerk lag, durch das der Zufluß zur Senke reguliert werden konnte.

Der Dammteil B-C und seine Einrichtungen sind zu einem unbekannten Zeitpunkt (jedoch anscheinend bereits vor 1000 v.Chr.) zerstört worden. Der Dammzug A-B-D-E mit dem Kontroll- und Regulierungsbauwerk hat bis 1970, als der neue Hochdamm bei Assuan errichtet wurde, ununterbrochen dem Zweck gedient, für den er vor mehr als 2000 Jahren konzipiert und gebaut worden war.

Dieser mehr als 5 km lange Absperrdamm ist aus örtlichem Bodenmaterial (abgelagerter Nilschlamm) geschüttet worden. Seine Abmessungen (Mittelwerte) sind:

| | |
|---|---|
| Basisbreite | 25 m |
| Kronenbreite | 8 m |
| Dammhöhe | max. 4 m |

Der nördliche Dammteil Gisr el-Sheikh Gadallah ist nach wiederholten Schäden und Wasserdurchbrüchen auf ganzer Länge mit einer schützenden Vormauer versehen worden (Abb. 4). Auch der südliche Dammteil Gisr el-Bahlawan ist im Verlauf seiner Geschichte mehrmals durchbrochen worden, wurde jedoch nur örtlich an den jeweiligen Schadensstellen mit einer Schutzmauer versehen.

### *Die Staumauer im Südosten des Fayum (Stausee el-Mala'a bzw. Hod el-Tuyûr)*

Zwischen Itsa und Shidmuh (Abb. 2) sind noch heute die Reste eines rund 8 km langen Staubauwerkes zu erkennen, mit dem im hochgelegenen Südosten der Fayum-Senke ein künstlicher See mit 114 $km^2$ Oberfläche und 275 Mio. $m^3$ Speicherraum geschaffen worden war. Dieses Reservoir wurde während der Zeit der Nilflut (August bis November) über den Bahr Yûsef gefüllt und das gespeicherte Wasser dann im Frühjahr für eine zweite Feldbestellung in den Ländereien nordwestlich des Sees verwendet. Auch der Seeboden wurde nach Entleerung des Sees bis zur nächsten Füllung im August landwirtschaftlich genutzt.

Von dem ursprünglich 8 km langen Mauerzug sind heute noch einzelne Mauerstücke von zusammen etwa 4 km Länge erhalten (Abb. 5). Das maximal bis 7 m hohe Stauwerk besteht nicht "aus einem Guß". Es handelt sich vielmehr um:

- reine Erddämme von nur 1 bis 2 m Höhe an den äußersten Flügeln des Bauwerkes (heute nicht mehr erhalten),
- Erddämme mit Vorsatzmauern (Abb. 6), ähnlich dem Absperrdamm bei El-Lâhûn (Abb. 4),
- Mauern aus Ziegelmauerwerk (Abb. 7) bzw. aus opus caementitium zwischen Kalksteinschalen (Abb. 8).

Die flachen Erddämme sind auf den gewachsenen Boden aufgesetzt, die hohen Stützmauern wurden auf den tiefer liegenden Basisfelsen gegründet. Alle Mauertypen sind im Verlauf der Jahrhunderte an vielen Stellen repariert, verstärkt oder verändert worden. An mindestens drei Stellen ist die Staumauer im Verlauf der Geschichte auf jeweils rund 100 m Breite völlig zerstört worden (Abb. 5). Die ausgedehnten, heute versumpften Kolke (Erosionen) unterhalb der Durchbrüche legen Zeugnis davon ab, daß die Zerstörungen auf den Wasserdruck und das Ausfließen großer Wassermengen zurückgehen.

An zwei Stellen der Mauern sind Reste von Auslaufbauwerken (jeweils drei Durchlauföffnungen von je 3.00 m bzw. 1.50 m Breite) erhalten. Beide Auslässe zusammen waren genügend leistungsfähig, um das Speichervolumen von 275 Mio. $m^3$ während der vier Frühjahrsmonate ableiten zu können.

## Nachptolemäische Arbeiten

Während der römischen Zeit und in der Spätantike (30 v.Chr. bis 640 n.Chr.) wurde den bestehenden wasserwirtschaftlichen Anlagen im Fayum grundlegend Neues nicht hinzugefügt. Die Arbeiten bestanden in der Hauptsache darin, die ptolemäischen Bauwerke und Kanalsysteme instand zu halten und, soweit wie möglich, auszubauen und zu verbessern.

Bemerkenswert sind dabei die massiven, talsperrenartigen Mauern am rechten Ufer des Bahr Yûsef beiderseits von Hawaret el-Maqta (Abb. 3), die wahrscheinlich unter Trajan (98-117) oder Hadrian (117-138) errichtet wurden. Sie dienten der Wiederherstellung und Sicherung des Bahr Yûsef, der (im wahrsten Sinne des Wortes) Lebensader des Fayum war. Die völlige Zerstörung des rechten Ufers bei einem außergewöhnlichen Hochwasser mußte zu einem völligen Auslaufen des Kanals über den Bats Drain (Abb. 2) in den Birket el-Qarun geführt haben.

Nach einer 1500 Jahre langen Periode zunächst der Stagnation, dann eines rapiden Verfalls der Staatsmacht und damit auch der Bewässerungswirtschaft und ihrer Anlagen, gab es (neben dem Mittl. Reich und der Ptolemäerzeit) einen dritten Höhepunkt der wasserwirtschaftlichen Entwicklung im Fayum. Er lag im 19. Jahrh. in der Zeit des Vizekönigs Mohamed Ali (1806-1849). Aber auch hier gab es keine Veränderungen in der grundsätzlichen ptolemäischen Konzeption. Die Arbeiten bestanden in der Hauptsache in einer Reaktivierung bzw. Erneuerung der alten Bauwerke und Einrichtungen.

## Zusammenfassung

Während das Tal und das Delta des Nils bereits vor Beginn der ägyptischen Geschichte bewohnt waren, mußte das Fayum für eine Besiedlung erst wasserwirtschaftlich erschlossen werden. Mit den dazu erforderlichen, auch nach heutigen Maßstäben bewundernswerten Projekten wurde dem Land eine neue Provinz mit einer bewässerbaren, fruchtbaren Ackerfläche von schließlich 1300 $km^2$ gewonnen. Diese friedliche "Eroberung" weiter Landflächen durch Techniker und Ingenieure wird mit Recht als eine der größten kulturellen Leistungen des alten Ägypten bezeichnet.

## Weiterführende Literatur


| | |
|---|---|
| Ball, J. | Contributions to the Geography of Egypt. Survey of Egypt, Gov. Press, Cairo 1939. |
| Brown, R.H. | The Fayum and Lake Moeris. London 1892. |
| Butzer, K.W. | Early hydraulic civilization in Egypt. The University of Chicago Press 1979. |
| Garbrecht, G./ Jaritz, H. | Untersuchung antiker Anlagen zur Wasserspeicherung im Fayum/Ägypten. In: Mitteilungen des Leichtweiß-Instituts für Wasserbau der Technischen Universität Braunschweig, Heft 107, 1990. |
| Garbrecht, G./ Jaritz, H. | Neue Ergebnisse zu altägyptischen Wasserbauten im Fayum. Antike Welt, Nr. 4, 1992. |
| Johnson, A.Ch. | An Economic Survey of Ancient Rome II: Roman Egypt to the Reign of Diocletian. New Jersey 1959. |
| Linant de Bellefonds | Mémoire sur le Lac Moeris. Alexandria 1843. |
| Shafei, A. | Fayoum Irrigation as described by Nabulsi in 1245 A.D. with a description of the present system of irrigation and a note on Lake Moeris. In: Bull. de la Soc. Royale de Géographie d'Egypte, Tome XX, 1940. |
| Strub-Roesler | Zur Kulturgeographie des Fayum im Alten Ägypten, der Stausee Amenemhets III. In: Zeitschrift der Gesellschaft für Erdkunde zu Berlin 1941. |

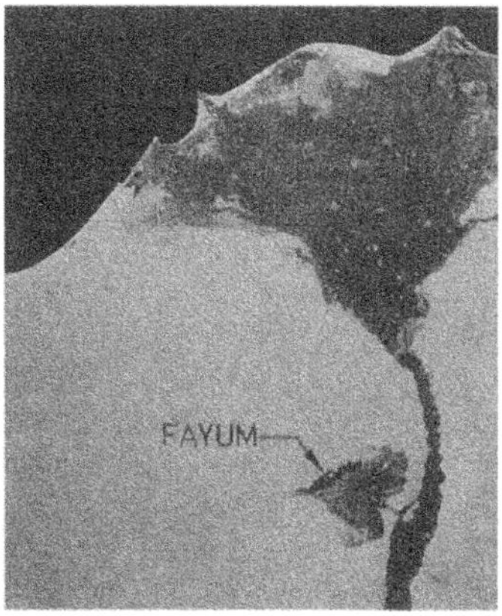


Abb. 1 Nildelta und Fayum-Senke in Ägypten (mit frdl. Genehmigung des Westermann Schulbuchverlages)

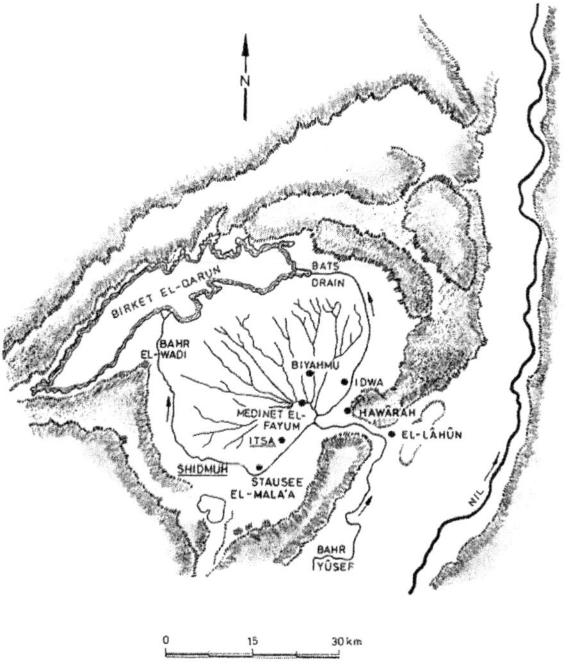


Abb. 2 Die Fayum-Senke mit dem Verdunstungssee Birket el-Qarun

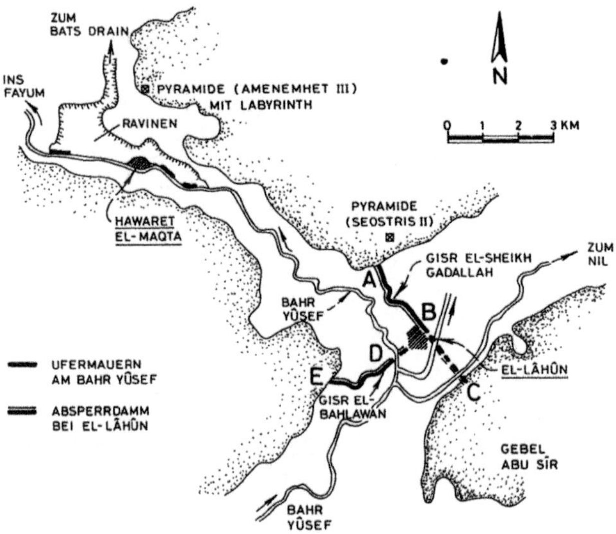


Abb. 3 Durchbruch zwischen dem Niltal und der Senke mit dem Absperrdamm bei El-Lâhûn (nach Shafei, 1940)

Abb. 4 Absperrdamm zwischen dem Niltal (links) und dem Durchbruch zur Fayum-Senke nördlich von El-Lâhûn (Gisr el-Sheikh Gadallah, Abb. 3)

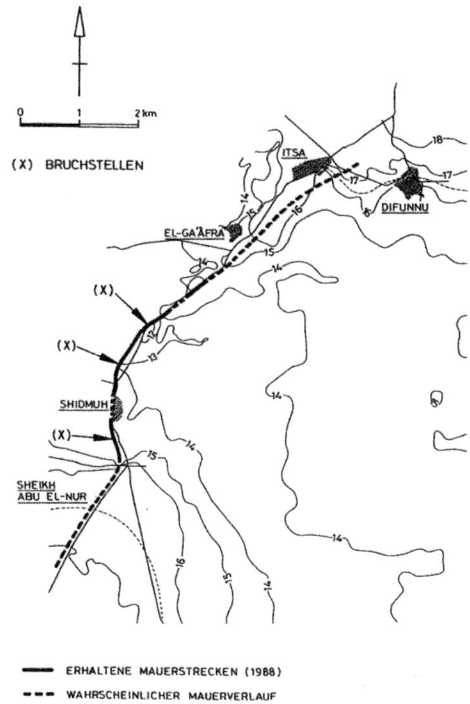


Abb. 5 Im Jahr 1988 noch erhaltene Mauerstrecken zwischen Itsa/Difunnu und Sheikh Abu El-Nur

Abb. 6 Verputzte Wasserseiten von zwei voreinandergesetzten Vorsatzmauern etwa 2 km nördlich von Shidmuh (Abb. 5)

Abb. 7 Reparaturmauer mit Strebepfeilern an der Durchbruchstelle südlich von Shidmuh (Abb. 5)

Abb. 8 Römische Kalksteinmauer im Bereich des nördlichen Durchbruchs (Abb. 5)

## Das Wasserversorgungssystem von Ninive und der Aquädukt von Jerwan

Sanherib (705-681 v.Chr.) war eine der stärksten Persönlichkeiten in der langen Folge assyrischer Könige. Er war einerseits interessiert an Wissenschaft und Kunst, war brilliant als Stratege, Architekt und Techniker, gehörte andererseits jedoch zu den grausamsten und despotischsten Herrschern in der Geschichte Assyriens. In seinem Willen, Ninive zur ersten Stadt des Reiches zu machen, die es an Größe und Pracht mit der großen Rivalin Babylon aufnehmen konnte, entfaltete er unter dem Einsatz riesiger Zwangsarbeiterheere eine alles Bisherige übersteigende Bautätigkeit.

Für eine reichliche Wasserversorgung der Stadt und zur Anlage von Parks und ausgedehnten Obstgärten im Stadtbereich und in der näheren Umgebung plante und baute Sanherib im Zeitraum zwischen 703 und 690 v.Chr. ein weit ausgreifendes, überregionales Wasserversorgungssystem. Glücklicherweise sind aus dieser Zeit so viele schriftliche Zeugnisse überkommen, daß eine Rekonstruktion der verschiedenen Phasen dieses Projektes möglich ist (Abb. 1). Es bestand aus:

- einer Wasserzuleitung aus dem Khosr (I),
- der Fassung und Überleitung einer großen Zahl von Bächen aus dem Gebiet des Jebel Bashiqa (II),
- einem Wassertransfer aus dem westlich benachbarten Wadi al-Milh, dem wiederum zusätzlich Wasser von Norden her (Faida, Bandwai) zugeführt wurde (III),
- der Ableitung von Wasser aus dem Flußsystem Atrush-Gomel im

Bereich der Engstelle bei Bavian und Überleitung in den nach Ninive fließenden Khosr (IV).

Im Gelände lassen sich die Kanäle mit ihren Bauwerken in ihrem Gesamtverlauf archäologisch nicht kontinuierlich auf der gesamten Länge nachweisen. Erhaltene Einzelbauten, Felsabarbeitungen und Reliefs fügen sich jedoch nahtlos in das schriftlich überlieferte Konzept der Wasserversorgung ein. Beispielsweise zeigt Abb. 2 eines von mehreren Felsreliefs in der linken Kanalseitenwand am Westhang des Jebel al-Qosh in der Nähe von Faida. Die Reliefs sind noch nicht ausgegraben, stellen jedoch wahrscheinlich eine Götterprozession dar. Auch das untere der beiden Ableitungswehre im Khosr nordöstlich von Ninive (Abb. 3, 4) ist über mehr als 2 ½ Jahrtausende hinweg in großen Teilen erhalten geblieben.

Das bemerkenswerteste und in vieler Hinsicht einzigartige Bauwerk im Rahmen des für seine Zeit wahrhaft imperial konzipierten Wasserausgleichssystems ist jedoch die Kanalbrücke bei Jerwan (Abb. 5, 6). Dieser Aquädukt ist nicht nur die älteste bekannte Überführung einer Wasserleitung, sondern gleichzeitig auch die älteste Brücke überhaupt, von der Ruinen bis heute erhalten sind.

Da an diesem Bauwerk zahlreiche Inschriften angebracht sind, liegt hier der Ausnahmefall einer geschichtlichen wasserbaulichen Anlage vor, bei der Bauherr (damit auch die Bauzeit) und der Zweck des Baus eindeutig dokumentiert sind (Abb. 7). Die Standardinschrift lautet (sinngemäß vereinfacht): "Sanherib, König der Welt, König von Assyrien sagt: Ich ließ einen Kanal über eine große Entfernung graben, um die

Wasser der Stadt Gammagara und die Wasser der Bergquellen rechts und links des Kanals zu den Weiden von Ninive zu leiten. Über tief eingeschnittene Täler spannte ich eine Brücke aus weißen Steinblökken. Ich ließ diese Wasser über sie hinfließen.

Die Hauptabmessungen dieses gewaltigen Aquädukts sind:

| | |
|---|---|
| Länge | 290 m |
| Größte Höhe (Talmitte) | 9 m |
| Breite (Außenmaß) | 22 m |
| Breite (Kanal) | 19 m |
| Tiefe (Kanal) | 2 m |
| Gefälle (Kanalsohle) | 1:80 |

Die massiv-kompakte Brückenkonstruktion bestand aus rund 2 Mill. Blöcken mit einem Einzelvolumen in der Größenordnung von 0.50 x 0.50 x 0.50 m. Die Sohle des 19 m breiten Kanals bestand aus Steinplatten, die sorgfältig in einem Gefälle von 1:80 auf einer 40 cm starken Betonschicht verlegt waren. Wird dieses Gefälle zugrunde gelegt, dann läßt sich errechnen, daß die hydraulische Leistungsfähigkeit des Aquädukts bei 50 $m^3/s$ gelegen hat. Für den normalen Abfluß im Tal sind in Brückenmitte fünf Durchlässe von je 2.50 m Breite mit vier jeweils 3.00 m breiten Zwischenpfeilern vorgesehen (Abb. 6, 8).

Bei dieser monumentalen Brücke handelt es sich nicht um die Überführung einer normalen Wasserleitung, also von einem gemauerten Kanal oder von Rohrleitungen, sondern um die teilweise Überleitung der Wasserführung eines Flusses mittlerer Größenordnung (Gomel) sowie einer Anzahl von Beileitungen. In seinen Abmessungen und in der hochstehenden Qualität seiner Ausführung hatte das Bauwerk keine vergleichbaren Vorläufer, und meines Wissens sind Kanalbrücken dieser Größe und Leistungsfähigkeit danach erst wieder im 18. und 19. Jahrhundert beim Ausbau der mitteleuropäischen Schiffahrtskanäle errichtet worden. Damit ist der Aquädukt von Jerwan sicherlich ein herausragendes Zeugnis für den hohen Stand der Hydrotechnik im letzten Jahrtausend v.Chr.

## Weiterführende Literatur


| | |
|---|---|
| Jacobsen, T./ Lloyd, S. | Sennacherib's Aqueduct at Jerwan. The University of Chicago, Oriental Institute Publications, Vol. XXIV, 1934. |
| Oates, D. | Studies in the ancient history of Northern Iraq. The British Academy, London, 1968, S. 49-52. |
| Reade, J. | Studies in Assyrian Geography. Part I: Sennacherib and the waters of Niniveh. Revue Archéologique 72, 1978, S. 47-72 und 157-180. |
| Schmökel, H. | Ur, Assur und Babylon. Stuttgart: Verlag G. Kilpper 1955. |
| Thompson, R.C./ Hutchinson, R.W. | The Agammu of Sennacherib on the Khosr. Archeologia, Jg. 79, 1929, S. 114-116. |

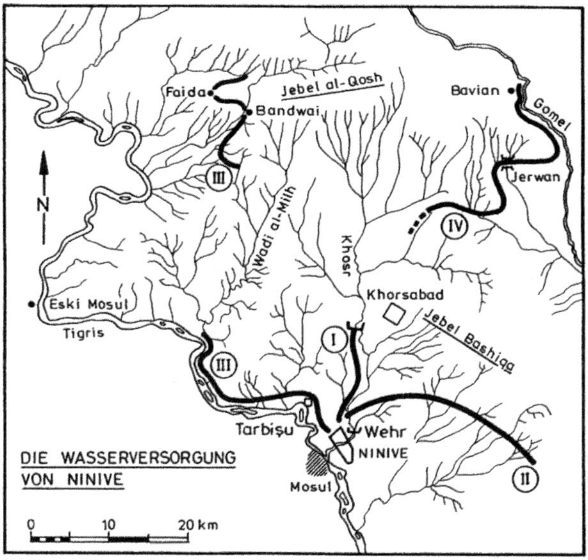


Abb. 1 Überleitungskanäle im Rahmen des Ausbaus der Wasserversorgung von Ninive durch Sanherib (705-681 v.Chr.)

Abb. 2 Oberteil eines Reliefs in der linken Wand des Kanals am Osthang des Jebel al-Qosh

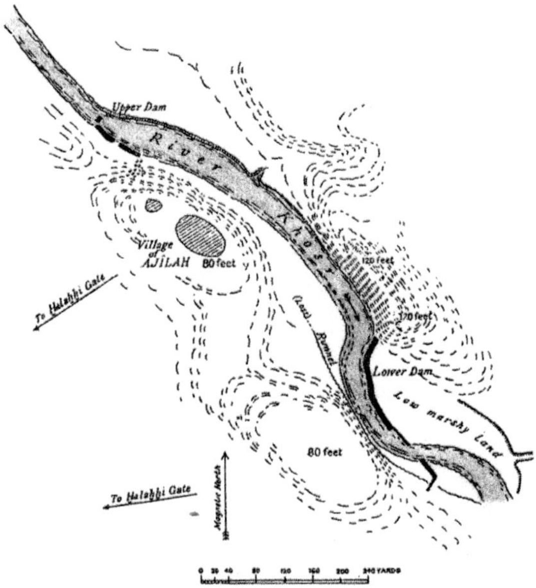


Abb. 3 Lageplan der beiden Ableitungswehre im Khosr, nordöstlich von Ninive

Abb. 4 Unteres Wasserableitungswehr im Khosr (Abb. 3, Lower Dam)

Abb. 5 Aquädukt von Jerwan während der Ausgrabungen im Jahre 1933, Blick in Fließrichtung

Abb. 6 Perspektivische Rekonstruktion des Aquädukts von Jerwan

Abb. 7 Inschrift (Keilschrift, neu-assyrisch) am Aquädukt von Jerwan

Abb. 8 Einer der fünf Durchlässe (Breite 2.50 m) im Talgrund

## Die Wasserleitung des Eupalinos auf Samos

In der Mitte des 6. Jahrh. v.Chr., als Samos kulturell und politisch auf dem Gipfel seiner geschichtlichen Bedeutung stand, wurde für die Wasserversorgung der Stadt eine Leitung gebaut, die Herodot in seinen Historien (III.6) zu den gewaltigsten Bauten in Hellas rechnet:
"Ich habe habe so ausführlich über Samos berichtet, weil die Samier die gewaltigsten Bauwerke geschaffen haben, die sich in ganz Hellas befinden. Erstens haben sie durch einen einhundertfünfzig Klafter hohen Berg einen Tunnel gebohrt, der am Fuße des Berges beginnt und nach beiden Seiten Mündungen hat. Dieser Tunnel ist sieben Stadien lang und acht Fuß hoch und breit. Unter diesem Tunnel ist seiner ganzen Länge nach ein zweiter, zwanzig Ellen tiefer und drei Fuß breiter Tunnel gegraben. Durch diesen letzteren wird aus einer großen Quelle das Wasser in Röhren in die Stadt geleitet. Diese Wasserleitungsanlage wurde gebaut von Eupalinos, Naustrophos' Sohn aus Megara..."

Dieser Bewunderung und Hochachtung, die Herodot der Wasserleitung des Eupalinos zollt, muß man sich uneingeschränkt auch heute noch anschließen, und zwar vor allem deswegen, weil Eupalinos es mit den einfachen und begrenzten planerischen und technischen Mitteln seiner Zeit gewagt hat, den Bau eines rund 1 km langen Tunnels gleichzeitig von beiden Enden her zu konzipieren und erfolgreich durchzuführen. Mit Hilfe dieses Tunnels war es möglich, die Schüttung einer jenseits des Stadtmauerberges liegenden Quelle durch diesen hindurch in die Stadt zu leiten.

Die Wasserleitung setzt sich grundsätzlich aus drei Strecken unterschiedlicher Bauart zusammen (Abb. 1):

- der 895 m langen Zuleitung von der Quelle zum Nordende des Tunnels,
- dem 1036 m langen Tunnel als Kernstück der gesamten Anlage,
- der 620 m langen Leitung vom Südende des Tunnels zur Stadt.

Das Wasser wurde auf der gesamten Länge in Tonrohren mit einem Innendurchmesser von 25 cm geführt, die auf der Sohle von Gräben bzw. Tunneln verlegt waren. Diese Art der Wasserleitung entspricht der griechischen Eigenart, Trinkwasser nicht mit frei zugänglichem Wasserspiegel, sondern in geschlossenen Gerinnen zu leiten. Die Leistung der genutzten Quelle lag 1980 bei rund 400 $m^3$ täglich, das entspricht einem Abfluß von 4 bis 5 l/s.

## Quellfassung und Zuleitung

Die Quelle wurde (und wird in der geschichtlichen Anlage noch heute) in einem dreieckigen Staubecken (Seitenlängen 8.0/4.5/9.5 m) gefaßt, dessen Abdeckung mit Steinplatten durch 17 Säulen gestützt ist. Von hieraus folgt die Trasse der Zuleitung zum Nordeingang des Tunnels zunächst auf 715 m Länge den Konturen des Geländes (Abb. 1). Das eigentliche Wasserleitungsrohr liegt auf dieser Strecke auf der Sohle eines mit Steinplatten abgedeckten Grabens (Tiefe max. 8 m). Die restlichen 180 m bis zum Beginn des nach Süden führenden Haupttunnels wurden unterirdisch als Tunnel vorangetrieben. Das Gefälle der Zuleitung (Rohr) ist mit 0.20 % wesentlich geringer als das des folgenden, nach Süden abknickenden, großen Tunnels (im Mittel 0.36 %).

## Der Tunnel

Die Besonderheit des 1036 m langen Haupttunnels durch den Stadtmauerberg, der das Stadtgebiet im Norden begrenzt, liegt in der Tatsache, daß er von beiden Enden her gleichzeitig vorgetrieben worden ist. Der Treffpunkt der beiden aufeinander zu arbeitenden Gruppen liegt genau unter dem Grat des Bergzuges, 612 m vom Nordeingang und 424 m vom Südeingang entfernt (Abb. 1). Die lichten Maße des quadratischen Tunnels betragen im Mittel 1.80 m x 1.80 m. Von diesem horizontalen Tunnel (Arbeitstunnel) aus wurde an dessen linker Seite (Ostseite) in einem gesonderten Arbeitsgang ein Graben eingetieft, auf dessen Sohle das eigentliche Wasserleitungsrohr auf einer Schüttung von feinem Splitt verlegt war (Abb. 2, 3). Dieser Graben liegt am Nordeingang des Tunnels 3.85 m und am Südeingang 8.26 m unter der Sohle des Arbeitstunnels (Abb. 4), das mittlere Gefälle der Rohrleitung

ßenordnung von 5000 m³.

Der Zustand, in dem die Rohrleitung und der Rohrgraben bei den Ausgrabungen aufgefunden wurden, legt Zeugnis ab von zwei Gefahren, die den ordnungsgemäßen Wasserfluß während seiner langen Betriebszeit bedroht haben:

- der große Kalkgehalt des Quellwassers hat zu starken Sinterablagerungen zunächst in der Rohrleitung und später im Graben selbst geführt,

- Einschwemmungen von feinem Bodenmaterial, das aus dem Bereich der Zuleitung (Einbrüche infolge starker Regengüsse? Mangelhafte Unterhaltung?) bis in den Tunnel getragen wurde, haben sich hier abgesetzt.

Nach den Befunden bei der Untersuchung des Tunnels sind die Sinter- und Lehmablagerungen in geschichtlicher Zeit nicht nur einmal mit großen Mühen ausgeräumt worden. Die Mengen des vor den Tunnelausgängen aufgeschütteten und auch im Tunnel selbst gestapelten Aushubmaterials zeugen von dem großen Wartungsaufwand, der für einen ordnungsgemäßen Betrieb der Leitung erforderlich war.

## Stadtleitung und Brunnenhäuser

Hinter dem südlichen Ausgang des Tunnels, also bereits im Stadtgebiet, verläuft die Leitung dann unterirdisch entlang der südlichen Hänge des Stadtmauerberges (Abb. 1) und endet nach 620 m Lauflänge in einem Brunnenhaus (Schöpfbrunnen) unterhalb des Theaters. Zwei abzweigende Stichleitungen führten wahrscheinlich ebenfalls zu öffentlichen Schöpfbrunnen. Das Leitungs-(Rohr-)Gefälle war mit 0.75 % doppelt so groß wie das vorangehende Tunnelgefälle. Verlegt waren die Rohre auch hier in einem Splittbett auf der Sohle des durch den gewachsenen Fels unterirdisch vorgetriebenen Tunnels (Höhe 2.0 m, Breite 0.6 m).

## Besonderheiten der Zuleitung

### *Höhenlage der Zuleitung*

Auf den ersten Blick ist nicht verständlich, warum die Zuleitung am Nordeingang um 3.85 m "zu tief" auf den Tunnel trifft (Abb. 4) und so eine arbeitsaufwendige Eintiefung des eigentlichen Rohrleitungsgrabens in der Tunnelstrecke erforderlich macht. Desgleichen widerspricht der Logik, daß das Gefälle der Zuleitung (0.20 %) nur halb so groß ist, wie das des Tunnelgrabens (0.36 %). Bei der Größenordnung dieser "Fehler" ist auszuschließen, daß es sich hier um Fahrlässigkeiten in der sonst so genialen Konzeption gehandelt hat.

Beide Widersprüchlichkeiten lösen sich auf, wenn davon ausgegangen wird, daß der Ausgangspunkt der Zuleitung in der ursprünglichen Planung nicht an der Stelle des heute noch existierenden Quellhauses lag, sondern weiter nördlich, höher am Hang (Abb. 1). Bei einer derartigen höheren Lage würde sich ein höheres Niveau der Zuleitung (und damit auch des Übergangs in den Tunnel) ergeben sowie ebenfalls ein größeres Gefälle der Zuleitung. In der Tat konnte nachgewiesen werden, daß das Quellhaus nicht am ursprünglichen Ort der Quelle liegt. Der örtliche Befund erlaubt den Schluß, daß der Quellmund vor Beginn der Arbeiten höher am Hang lag, sich jedoch während des Baus (wahrscheinlich bei einem zu starken Einstau zur Hebung des Ausgangswasserspiegels) an die Stelle verlagerte, an der das Wasser noch heute austritt. Als Konsequenz dieses Mißgeschickes mußte die Zuleitung flacher gehalten, am Hang tiefer gelegt und der Graben im bereits fertiggestellten Arbeitstunnel um fast 4 m eingetieft werden (Abb. 4).

## *Vermessung des Tunnels*

Das ursprüngliche Konzept des Tunnels sah eine geradlinige und horizontale Führung durch den Berg vor. Ein Zusammentreffen der von beiden Seiten aufeinander zu laufenden Tunnelstrecken konnte dann unproblematisch durch ein Abknicken der Richtungen am Treffpunkt gemäß Abb. 5a erzwungen werden. Zur Realisierung dieses Plans steckte Eupalinos auf der Oberfläche eine Gerade mit Fluchtstangen über den Berg hinweg ab. Diese Gerade wurde zunächst ohne Berücksichtigung der Eingänge möglichst weit ausgesteckt, um einerseits eine große Genauigkeit zu erreichen und um andererseits eine Projektion der Richtung rückwärts in den Tunnel hinein zu erleichtern. Nach Fertigstellung der Geraden wurden durch ein exaktes Nivellement die Tunnel-Eingänge im Zuge der Fluchtgeraden festgelegt. Die meßtechnischen Voraussetzungen für den Vortrieb waren damit geschaffen, beide Eingänge lagen auf gleichem Niveau und auch auf ein und derselben Geraden, die durch die Fluchtung vorgegeben war. Die Kontrolle des Vortriebs geschah durch einfaches Peilen rückwärts aus dem Tunnel heraus über die ausgesteckten Fluchtstangen und bereitete keinerlei Probleme, solange beide Stollen in der vorgegebenen Geraden blieben.

Die geniale Einfachheit des Planes ist zu bewundern. Das Rückgrat der gesamten Anlage war die über den Berg abgesteckte Gerade. Durch einfache Staffelmessung am Berg konnte auf der Oberfläche jeweils genau bestimmt werden, wieweit die Arbeit in den beiden Tunnelstrekken zu jedem Zeitpunkt fortgeschritten war. Eupalinos und seine Mitarbeiter wußten also bei normalem Arbeitsablauf immer, an welcher Stelle im Berg die Hauer jeweils arbeiteten.

## *Tatsächliche Ausführung des ursprünglichen Konzeptes*

Der vorstehend skizzierte Plan ist beim Südstollen mit bewundernswerter Genauigkeit ausgeführt worden (Abb. 1, 5). Die Trasse des Nordstollens weicht dagegen beträchtlich vom Grundkonzept ab. Dieser Teil des Tunnels durchquerte von Beginn an lockeres Gestein, das eine entsprechende Verbauung (Absicherung durch Ausmauerung) des Tunnelquerschnitts verlangte. Allem Anschein nach hatte sich die Gefahr eines Bergsturzes (Einbruch des Tunnels) nach 260 m Arbeitsfortschritt aber so zugespitzt, daß man sich gezwungen sah, die geplante Vortriebsrichtung zu verlassen und in geologisch sicherere Bereiche auszuweichen (Abb. 5b). Die oberirdische Begutachtung empfahl ein Ausscheren nach Westen; die vom Gelände her als notwendig angesehene Umfahrung wurde in einer geometrisch klaren und auf der Oberfläche nachvollziehbaren Figur idealisiert und in der Form eines gleichschenkeligen Dreiecks ausgeführt.

Daß diese Umgehung des Gefahrenbereichs nicht perfekt gelungen ist, liegt an Nachlässigkeiten und vor allem an einem minimalen Vortriebsfehler, der beim Nordstollen von Beginn an unterlaufen und für die Bauleute unter Tage nicht verifizierbar war, aus dem aber nach einer Vortriebsstrecke von 500 m eine beträchtliche Divergenz erwuchs. Es ist bemerkenswert, mit welcher Sicherheit in der Schlußphase des Vortriebs die entsprechend notwendige Korrektur vollzogen wurde. Der nach der beabsichtigten Rückführung auf die Planungsgerade 21 m zu weit östlich liegende Nordstollen (Abb. 5c) wurde zunächst nach Westen zurück- und dann nach dem ursprünglich vorgesehenen Schema auf den bereits fertiggestellten Südstollen zugeführt.

Sicher ist, daß diese mehrfachen Richtungsänderungen genau geplant und, an der Oberfläche wie innerhalb des Berges, auch kontrolliert wurden. Eine Vielzahl von Vermessungsmarkierungen, die mit roter Farbe auf die Tunnelwandungen aufgetragen wurden (Abb. 6, 7), legen ein beredtes Zeugnis von den schwierigen vermessungstechnischen Problemen und ihrer Lösung ab. Dieser Leistung der Tunnelvermessung, ausgeführt mit den einfachen Mitteln, die im 6. Jahr. v.Chr. zur Verfügung standen, ist auch heute noch größter Respekt zu zollen.

## *Bauzeit und Betriebsdauer*

Nach den Werkspuren an den Tunnelwänden haben jeweils zwei Hauer nebeneinander mit Hammer und Meißel gearbeitet. Bei einer ohne Unterbrechung durchgehenden Arbeit mit entsprechenden Schichtwechseln ist mit einer Gesamtbauzeit des Tunnels von mindestens acht Jahren zu rechnen. Sicherlich hat es im praktischen Betrieb jedoch Verzögerungen gegeben, so daß, einschließlich der Zeit für Nach- und Feinarbeiten, realistisch eher von einer zehn- oder zwölfjährigen Bauzeit auszugehen ist.

Wenn der Betrieb und die Unterhaltung der Leitung auch mühevoll waren (Sinter- und Schlammablagerungen), so ist die notwendige Wartung der Anlagen offensichtlich über Jahrhunderte hinweg erfolgreich durchgeführt worden. Die Stabilisierungsmaßnahmen im Tunnel aus römischer Zeit zeigen, daß die Anlage, wenn auch reparaturbedürftig, zu dieser Zeit noch in Betrieb war. Weiterhin belegen archäologische Indizien, daß der Tunnel im 7. Jahrh. n.Chr. zweimal als Zufluchtsort benutzt wurde und daß die Leitung wahrscheinlich zwischen beiden Fluchtwellen (um 660 n.Chr.) noch funktionstüchtig war. Damit ergibt sich eine Gesamtbetriebszeit der Leitung von rund 1200 Jahren.

## Zusammenfassung

Eine zusammenfassende Beurteilung der Planung und des Baus des Eupalinos-Tunnels kann niemand kompetenter geben als H. Kienast. Er schreibt nach 15 Jahren intensiver Grabungen, Vermessungen und Untersuchungen in seinem Abschlußbericht über "Die Wasserleitung des Eupalinos auf Samos" [KIE 94]:

"Der Tunnelplan zeugt von hohem Wagemut - das Projekt dauerte immerhin Jahre, und die Richtigkeit der Überlegungen erwies sich erst im letzten Augenblick; er zeugt darüber hinaus von erstaunlichem Wissen über geometrische Gesetzmäßigkeiten und ebenso von praktischem Problembewußtsein, und er zeugt vor allem von Grundlagen, die nur auf theoretischem Wege ermittelt worden sein konnten. Eupalinos hat sein Projekt ganz sicher durch ausführliche Geländebegehungen vorbereitet, die eigentliche Planung aber basiert auf theoretischen Überlegungen, die nur am 'Reißbrett' zu leisten waren. Der Tunnel ist ganz offensichtlich am Zeichentisch entworfen worden; dort sind auch alle Planungsschritte und insbesondere alle Planungsänderungen entwickelt worden. Das Zusammentreffen der beiden Stollen nach einem Vortrieb von 424 bzw. 612 m, nach notwendigen wie auch nach fahrlässigen Abweichungen vom Originalplan, war nicht glückliche Fügung, sondern Ergebnis eines wohldurchdachten Entwurfs."

## Literatur

Die Darstellung in diesem Kapitel beruht vor allem auf dem Abschlußbericht der Grabungen und Untersuchungen auf Samos:


| | |
|---|---|
| [KIE 94] Kienast, H. | Die Wasserleitung des Eupalinos auf Samos. Deutsches Archäologisches Institut, Samos, Band XIX, 1994. |


Dieser detaillierten Dokumentation vorausgegangen sind u.a. folgende Kurzdarstellungen und Übersichten:


| | |
|---|---|
| [GAR 85] Garbrecht, G. | Wasser. Vorrat, Bedarf und Nutzung in Geschichte und Gegenwart. München: Deutsches Museum 1985. |
| [KIE 83] Kienast, H. | Die Wasserleitung des Eupalinos auf Samos. Wasser und Boden, Heft 8, 1983. |
| [KIE 84] Kienast, H. | Der Hezekiah-Tunnel und der Eupalinos-Tunnel auf Samos, ein Vergleich. In: Mitteilungen des Leichtweiß-Instituts für Wasserbau der Technischen Universität Braunschweig, Heft 82, 1984. |
| [KIE 87] Kienast, H. | Der Tunnel des Eupalinos auf Samos. Mannheimer Forum 86/87, S. 179ff. |
| [T.-K. 90] Tölle-Kastenbein, R. | Antike Wasserkultur. München: C.H. Beck 1990. |

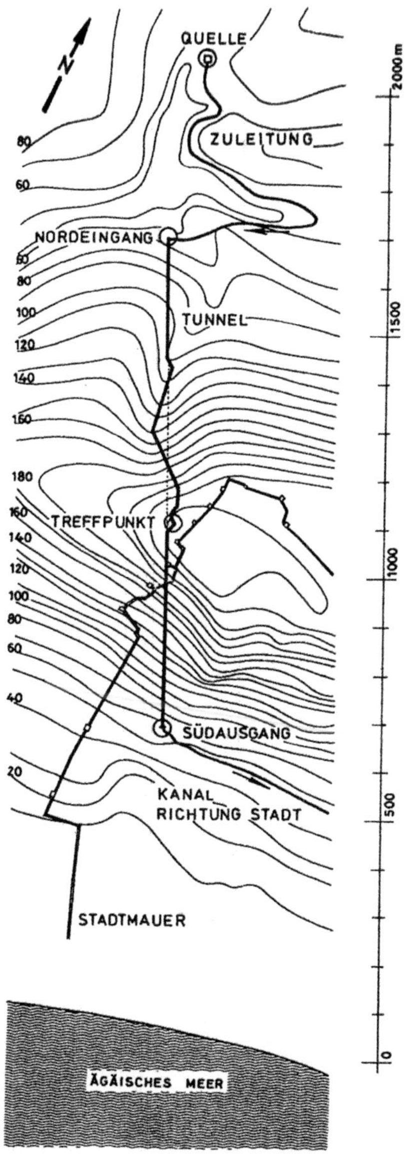


Abb. 1 Lageplan der Wasserleitung, bestehend aus der Zuleitung, dem Tunnel und der Stadtleitung

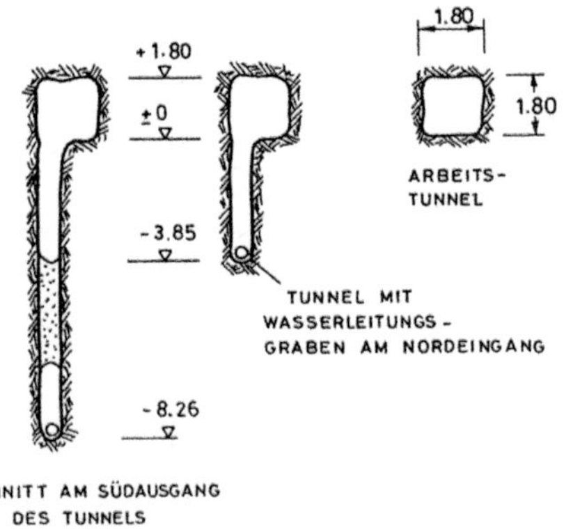


Abb. 2 Querschnitte des 1036 m langen Tunnels, bestehend aus dem etwa quadratischen Arbeitstunnel und dem entlang seiner östlichen Wand eingetieften eigentlichen Wasserleitungsgraben

Abb. 3 Blick aus nördlicher Richtung in den Südteil des Tunnels

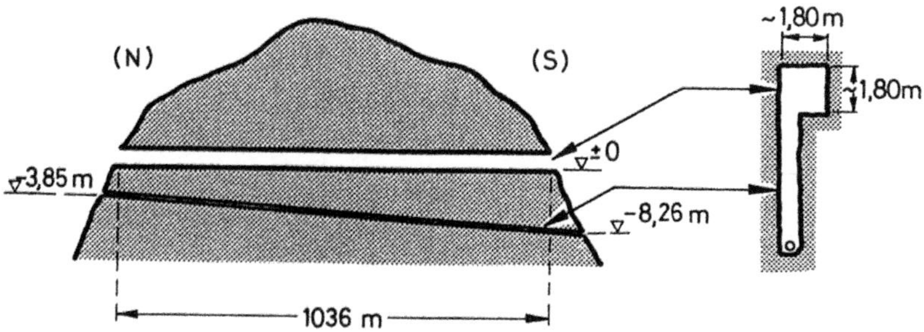


Abb. 4 Längsschnitt (überhöht) des Tunnels und des Rohrgrabens

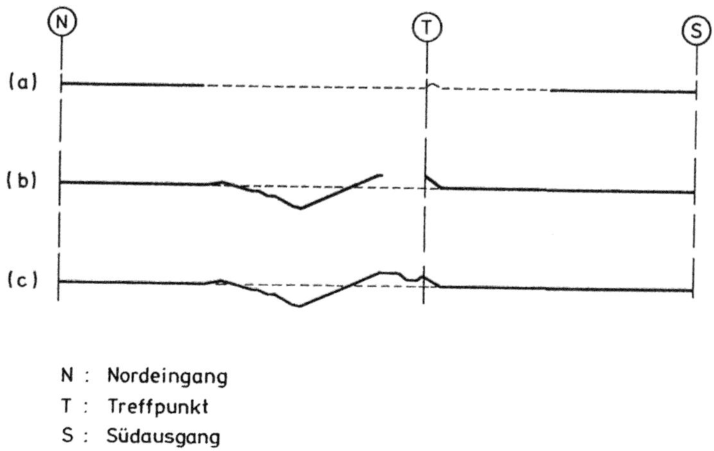


Abb. 5 Entwurf (a) und Entwicklungsstufen (b), (c) beim Bau des Tunnels

Abb. 6 Meßmarke für den plangerechten Vortrieb des Tunnels an der Wand des Arbeitstunnels

Abb. 7 Meßmarke für die Nivellierung des Tunnels und des Wasserleitungsrohres

## Grundwassererschließung durch Kanate

### Allgemeines

In den höher gelegenen, ariden (trockenen) und halbariden Gebieten des Nahen und Mittleren Ostens standen größere Flüsse, wie beispielsweise in Ägypten, in Mesopotamien oder im Indus-Tal, zur Deckung des Bedarfs an Trink-, Brauch- und Bewässerungswasser nicht zur Verfügung. Eine über das ganze Jahr gesicherte Wasserversorgung war auf den Hochebenen nur aus dem Grundwasserpotential heraus möglich. Um den mühsamen und in der Leistung begrenzten Prozeß der manuellen vertikalen Wasserförderung aus Brunnen zu umgehen, ist hier um 1000 v.Chr. eine Methode entwickelt worden, mittels der das Grundwasser im freien Gefälle durch leicht geneigte Wassersammelgalerien verfügbar gemacht wird. Diese Wasserstollen werden auf arabisch Kanat, Qanat oder Ghanat bzw. auf persisch Käris, Keriz oder Karez genannt.

### Prinzip und Bau der Kanate

Kanate bestehen grundsätzlich aus einem Wassersammelstollen, unter Umständen mit Nebensträngen, der von einer wasserführenden Schicht im Untergrund ausgeht und im leichten Gefälle zum tiefer gelegenen Ort des Bedarfs führt (Abb. 1). Für den Bau, und später für die Unterhaltung, werden vertikale Schächte abgeteuft, deren Abstände bei geringer Überdeckung etwa 20 m betragen, bei größerer Tiefe jedoch

Werte bis zu 200 m erreichen können. Das Aushubmaterial wird ringförmig um die Öffnungen aufgeworfen, um einen Zufluß von Oberflächenwasser und damit das Einschwemmen von Bodenmaterial zu verhindern (Abb. 2).

Bei der Anlage der Kanate wird zunächst der obere Schacht, der Mutterbrunnen, bis in die wasserführende Schicht getrieben und deren Ergiebigkeit durch Schöpfversuche bestimmt. Nach der oberirdischen Festlegung der Trasse zwischen dem Mutterbrunnen und der Siedlung bzw. den Bewässerungsfeldern erfolgt dann der Vortrieb vom unteren Ende her, jeweils von der Sohle der vertikalen Schächte aus (Abb. 3, 4). Die Sammelstollen, die Kanate, sind i.allg. 50 bis 80 cm breit und 90 bis 150 cm hoch. Die Gefälle liegen in der Größenordnung von 20 bis 50 cm auf 1 km, die Längen betragen zwischen 1 und 50 km. Als größte Länge werden 80 km genannt. Die Kanate sind unter normalen Bedingungen unverkleidet, die Querschnitte wurden nur in Strecken losen Sandes durch ovale Tonringe gesichert (Abb. 3 links). Die vertikalen Arbeitsschächte (rund, oval oder quadratisch) sind im Mittel 20 bis 50 m, selten mehr als 150 m tief. Die größte Tiefe eines Kanats in der iranischen Provinz Khorasan soll bei 400 m liegen.

Der Bau erfolgt i.allg. durch Arbeitstrupps von drei bis vier Mann, die nur mit den einfachsten Geräten ausgerüstet sind: Haspelrad (Abb. 3, 4), Seil, kurzstielige Spaten oder Hacken, Ledersäcke, Lampen mit Öl oder Fett, Wasserwaage und Lot. Die Vortriebsgeschwindigkeit hängt von der Zahl der eingesetzten Arbeiter und von der Tiefe des Kanats ab. Vier Arbeiter (Moqanni) vermögen in 20 m Tiefe einen Fortschritt von 4 m je Tag zu erreichen, bei 40 m Tiefe nur noch 2 m je Tag. Ein

20 km langer Kanat mit mittlerer Tiefe erfordert also fast 30 Jahre Bauzeit, wenn nur ein Arbeitstrupp tätig ist.

Die Planung und der Bau der Kanate erfordern subtile Kenntnisse über die geologische Struktur und das Verhalten des Wassers im Untergrund sowie hohes bergmännisches und vermessungstechnisches Können. Die Arbeit ist mühsam und darüber hinaus außerordentlich gefahrvoll. Einstürze und Wassereinbrüche haben immer wieder Opfer gefordert, und nicht umsonst bezeichnen die iranischen Baumeister ihre Kanate zuweilen als 'Mörder'.

Rechtliche Fragen im Zusammenhang mit der Anlage von Kanaten (Verlauf durch fremdes Land, Abstände zwischen Kanaten, Wassernutzung usw.) wurden nach einem besonderen Wasser- und Kanatrecht geregelt. Eigentümer der Kanate sind entweder Privatpersonen oder Familien, die den Bau finanziert haben, oder ein Zusammenschluß einer größeren Anzahl von Anteilbesitzern. Im alten Persien war die Zahl der Kanate (und damit auch ihre Bedeutung für die Wasserversorgung) bereits so groß, daß ein besonderes Amt für die Verwaltung, den Betrieb und die Klärung von Rechtsfragen eingerichtet wurde.

## Ursprung und Verbreitung der Kanate

Der Ursprung der Kanate ist unbekannt. Als ältester schriftlicher Hinweis gilt eine Tontafel (Louvre, Paris), auf der ein Feldzug Sargons II. (722-705 v.Chr.) gegen die Urartäer beschrieben ist. Berichtet wird über die Zerstörung der Stadt Ulhu am Urmia-See, deren Bewässe-

rungssysteme anscheinend mit Wasser aus Kanaten versorgt wurden. Die die Wassergewinnung beschreibenden Teile der Tontafel sind z.T. beschädigt und daher nur fragmentarisch lesbar:
"... einer genialen Eingebung folgend, deckte Ursa, ihr König und Herr ... die Wasserauslässe auf. Er grub einen Hauptgraben (Kanal? Galerie?), der fließendes Wasser förderte ... und ... Wasser im Überfluß ließ er fließen wie den Euphrat. Zahllose Gräben (Kanäle? Galerien?) leitete er aus dem Inneren heraus ... er bewässerte die Felder ...".

Sanherib (705-681 v.Chr.), der Sohn Sargons, übernahm dieses Prinzip der Wasserbeschaffung und ließ Kanate zur Wasserversorgung von Ninive und Arbela anlegen. Aus etwa der gleichen Zeit ist überliefert, daß die Stadt Ecbatana, heute Hamadan (Nord-Iran), bei einer Belagerung im Jahr 626 v.Chr. durch die Zerstörung ihrer Kanate zur Übergabe gezwungen wurde. Die Kanate sind also mindestens 3000 Jahre alt, und die Vermutung liegt nahe, daß sie erstmals von den bergbauerfahrenen Urartäern gebaut wurden. Die Frage, ob eine Verbindung zwischen den Urartäern und den Etruskern bestanden hat, deren unterirdische Entwässerungsgalerien (Cunicoli) auf die gleiche Art gebaut sind, muß offen bleiben.

Vom östlichen Kleinasien (Urartu) und von Persien aus breiteten sich die Kanate dann um 500 v.Chr. nach Nord-Indien im Osten und nach Mesopotamien, Arabien und Ägypten im Süden aus (Abb. 5). Durch die Araber wurde das Kanatprinzip über Nordafrika in Sizilien und Spanien eingeführt. Kreuzfahrer brachten es im 12./13. Jahrhundert aus dem Nahen Osten nach Mitteleuropa, und mit den spanischen Eroberern erreichten die Kanate schließlich Mittel- und Südamerika.

Allein im Iran, dem Kernland des Kanatbaus, haben in geschichtlicher Zeit zwischen 40.000 und 50.000 Kanate gleichzeitig bestanden, mit einer Gesamtlänge, die die Entfernung zwischen der Erde und dem Mond übertrifft. Heute dürften davon noch 20.000 bis 25.000 in Betrieb sein. Bei einer geschätzten mittleren Leistung der bekannten Kanate von 25 Liter pro Sekunde (l/s) vermochten 40.000 Anlagen eine Wassermenge von rund 1000 $m^3/s$ an die Oberfläche zu bringen. Diese über die Kanate aus dem Grundwasser verfügbar gemachte Jahreswasserfracht von 31 Mrd. $m^3$ entspricht der Gesamtwasserführung des Euphrats (!!) und übertrifft die mittlere Wasserführung der Elbe um rund 50 %.

## Wertung der Kanate

Die zivilisatorische Leistung des Kanatbaus kann gar nicht hoch genug bewertet werden. Hier haben einfache Bauern und Handwerker ohne technische oder wissenschaftliche Vorbildung, jedoch mit viel Einfühlungsvermögen in natürliche hydrologische und hydraulische Zusammenhänge, mit hohem handwerklichen Können und nicht zuletzt durch opferbereiten Einsatz Anlagen geschaffen, die in ihrer genialen Einfachheit ein riesiges, zunächst nicht unmittelbar verfügbares Wasserpotential für die Nutzung erschlossen. Sie schufen damit die Grundlage für die Entwicklung der Zivilisationen und der großen Reiche in den Hochländern des Nahen und des Mittleren Ostens.

## Weiterführende Literatur


| | |
|---|---|
| Braun, C. | Teheran, Marrakesh und Madrid - Ihre Wasserversorgung mit Hilfe von Kanaten. Bonner Geographische Abhandlungen, Heft 52, Bonn 1974. |
| Butler, M.A. | Irrigation in Persia by Kanats. Civil Engineering, Vol. 3, No. 2, 1933. |
| Christiansen-Weniger, F. | Alte Methoden der Wassergewinnung für Bewässerungszwecke im Nahen und Mittleren Osten unter besonderer Berücksichtigung der Kanate. Wasser und Nahrung, Heft 1/2, Düsseldorf 1961. |
| Goblot, H. | Les Qanats. Une Technique d'Acquisition de l'Eau. Paris/La Haye/New York: Mouton Ed. 1979. |
| Laessøe, J. | The Irrigation System at Ulhu, 8th Century B.C. Journal of Cuneiform Studies, Oriental Institute, The University of Chicago, Chicago, Ill., USA, Vol. 5, 1951. |
| Kuros, G.R. | Kanate. Zeitschrift des Deutschen Museums München, 6. Jahrg., H. 4, Dez. 1982. |
| Troll, C. | Kanatbewässerung in der alten und neuen Welt. Mitt. der Geograph. Gesellschaft Österreich, Bd. 205, 1963. |
| Wulff, H.E. | The Qanats of Iran. Scientific American, Vol. 218, 1968. |

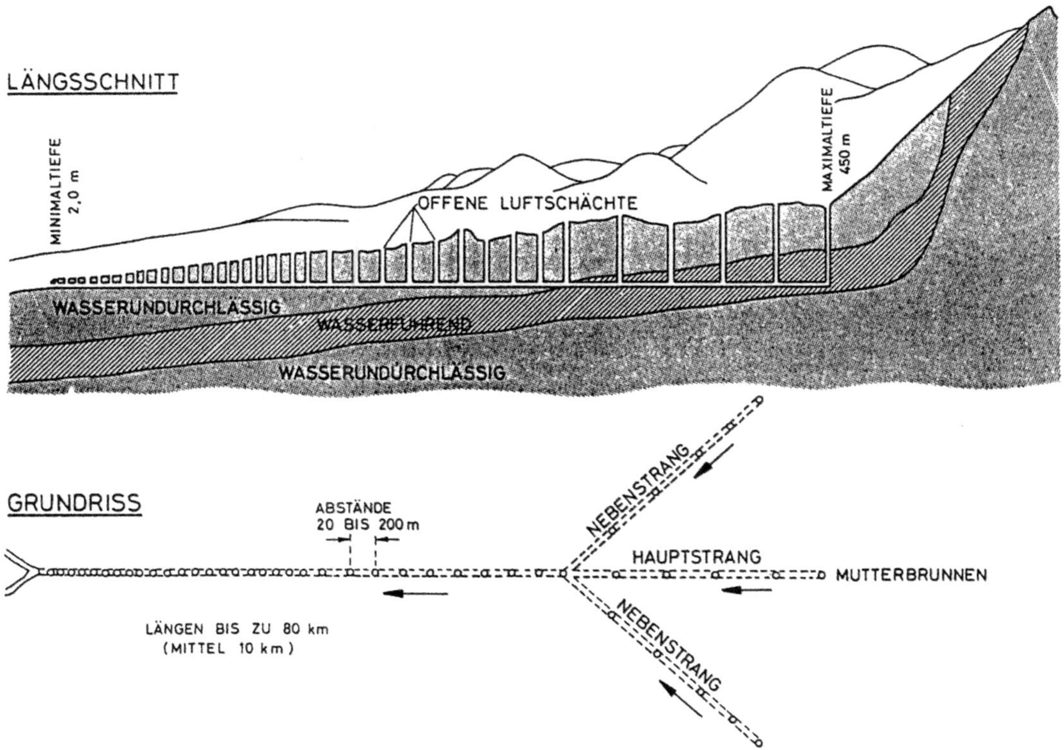


Abb. 1 Schematische Darstellung eines Kanats

Abb. 2 Luftaufnahme der Schachtöffnungen eines Kanats bei Isfahan (Iran). Die Kette der Erdhügel um die Vertikalschächte zeigt den unterirdischen Verlauf der Sammelgalerie

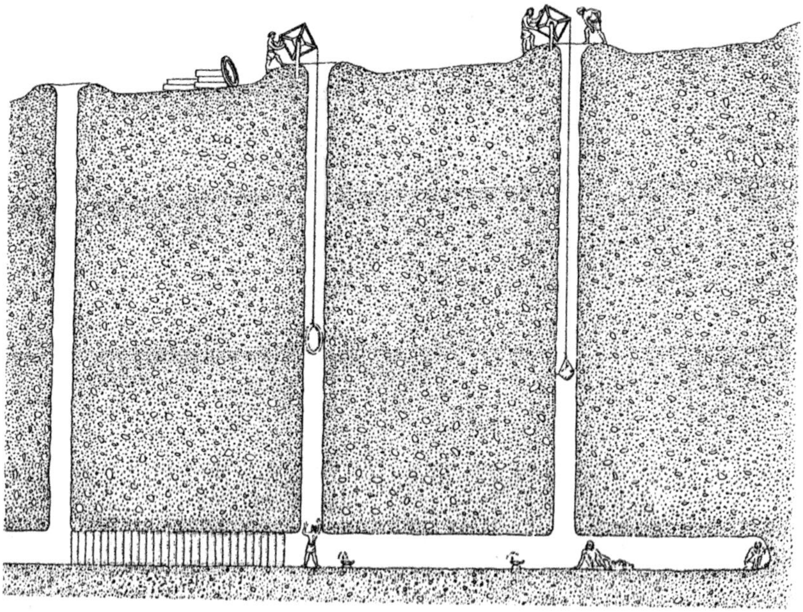

Abb. 3 Kanatbau, links mit Auskleidung durch ovale Tonringe, rechts in Normalstrecken in standfestem Boden

Abb. 4 Abseilen eines Moqanni (Kanatarbeiter) über ein Haspelrad in den Vertikalschacht eines Kanats

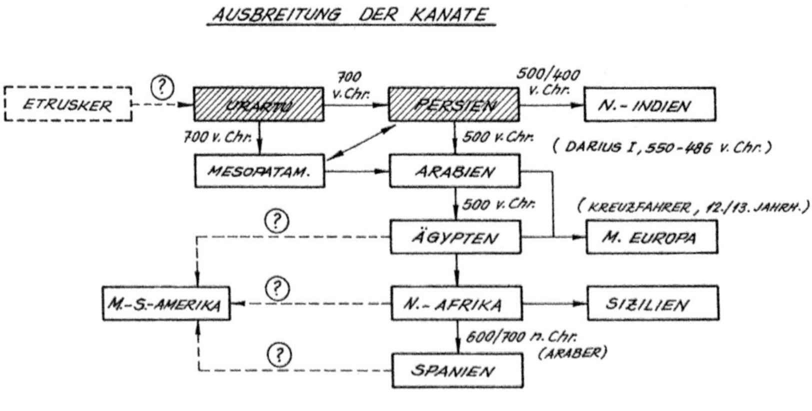


Abb. 5 Ausbreitung der Kanate vom Ursprungsgebiet (Raum Urartu/Armenien/Medien) über den Mittleren Osten, Nordafrika, Südeuropa und Mittel-/Südamerika

# Die Wasserversorgung des antiken Pergamon und die hellenistische Druckleitung

## Allgemeines

Die antiken Städte des Mittelmeerraumes sind in bezug auf Architektur und Kunst ein Begriff. Der hohe Stand des technischen Könnens bei Planung, Bau und Betrieb der hervorragenden Infrastruktur dieser Städte (Verkehr, Wasserversorgung und -entsorgung) wird im Vergleich dazu, wenn überhaupt, nur am Rande erwähnt. So ist z.B. Pergamon in erster Linie durch seine Bibliothek und den Zeus-Altar bekannt. Daß für die Wasserversorgung der exponiert auf einem einzeln stehenden Bergmassiv liegenden Stadt (Abb. 1) Maßnahmen und Bauwerke erforderlich waren, die in bezug auf Planung und Ausführung den großen zeitgenössischen künstlerischen und architektonischen Leistungen durchaus ebenbürtig waren, wird dagegen nur selten vermerkt. Insbesondere die in die Königsstadt auf der Spitze des Burgberges Pergamon führende Druckleitung gehört zu den Meilensteinen der Technikgeschichte.

## Das Zisternensystem des Burgberges

Pergamon war in seiner Frühzeit (5. und 4. Jahrh. v.Chr.) und während der Epoche des pergamenischen Königreiches (281 bis 133 v.Chr.) immer Festung oder befestigte Stadt gewesen. Nun hängen Wert und Stärke von Festungen nicht nur von der Qualität der Verteidigungsanlagen ab, sondern auch von ihrer Fähigkeit, Belagerungen über längere Zeit hinweg zu überstehen, also von ihrem Vermögen, die Eingeschlossenen zu ernähren und mit Wasser zu versorgen.

Im Stadtgebiet des hellenistischen Pergamon kamen als nutzbares Wasserpotential nur das Grundwasser oder die Niederschläge in Frage. Weder die Hochburg noch die 90 ha Stadtfläche umfassende Eumenische Mauer (Eumenes II., 197 bis 159 v.Chr.) schlossen Quellen nennenswerter Schüttung ein, die eine größere Bevölkerungszahl hätten versorgen können. Der Stand des technischen Wissens in den letzten Jahrhunderten v.Chr. hätte es durchaus erlaubt, Brunnen großer Tiefe bis ins Grundwasser zu graben. Man machte in Pergamon von dieser Möglichkeit jedoch keinen Gebrauch, sondern ging zur Sicherstellung der Wasserversorgung in kriegerischer Zeit, wenn der Zugang zu den Quellen und Brunnen der Umgebung abgeschnitten war, vielmehr den Weg, im Winter Niederschläge von den Dächern und befestigten Plätzen in eine große Zahl kleinerer und mittlerer Fels-Zisternen zu leiten und für die regenlose Sommerzeit zu speichern.

Im Bereich der fast völlig ausgegrabenen Königsstadt in den Gipfellagen des Burgberges wurden auf einer Fläche von 8 ha insgesamt 80 Zisternen gefunden. In der Wohnstadt auf den mittleren Hängen des Burgberges hat sich bei den z.Zt. laufenden Grabungen eine noch größere Dichte der Zisternen ergeben. Insgesamt sind heute in der Königsstadt und in den bisher ausgegrabenen Wohngebieten mehr als 100 Zisternen bekannt, wobei die Einzelvolumina zwischen 10 und 130 $m^3$, im Mittel bei 40 bis 50 $m^3$ liegen.

Nachrechnungen haben ergeben, daß bei einer sparsamen Bewirtschaftung unter den Notbedingungen einer Belagerung in der Eumenischen Stadt (2. Jahrh. v.Chr., 90 ha Fläche) allein mit dem Wasser aus den verfügbaren Zisternen rund 17.000 Einwohner eine 12monatige Belagerung hätten überstehen können [BRI 90].

## Die Wasserzuleitungen zur Stadt

### *Allgemeines*

Die Zisternen der frühen Bergfeste Pergamon reichten zur Versorgung der Bewohner nicht mehr aus, als die hellenistische Stadt auf dem Burgberg sich zunächst auf eine Fläche von 90 ha ausdehnte und als schließlich das zum großen Teil auch in der Ebene liegende römische Pergamon im 2. Jahrh. n.Chr. 160.000 Einwohner hatte [RAD 88]. Der in diesem Zeitraum stetig steigende Wasserbedarf konnte unter den örtlichen hydrologischen Rahmenbedingungen nur durch Zuleitungen von außen her gedeckt werden.

Bedingt durch das Landschaftsrelief (Abb. 2) war die Stadt auf den höheren und mittleren Lagen des Burgberges nur aus dem nach Norden ansteigenden Dreieck zwischen den Flüssen Selinos und dem Ketios heraus mit Wasser zu versorgen. Nur von hier aus war es möglich, Wasser in freiem Gefälle an den Burgberg heranzuführen. Wenn auf aufwendige Bauwerke (hohe Kanalbrücken oder Druckleitungen) verzichtet werden sollte, war die Endhöhe der Gefälleleitungen damit durch die Höhenlage des Sattels zwischen dem Gebirge und dem Burgberg (Abb. 1) gegeben. Aus dem Selinos-Tal heraus war es auch möglich, die westlich des Flusses liegenden Stadtteile mit Wasser zu versorgen. Wie nähere Untersuchungen gezeigt haben, gibt es in der Tat aus hellenistisch-römischer Zeit zwei Wasserzuleitungen von den Hängen des Madradağ zum Burgberg und mindestens fünf Wasserzuleitungen aus dem Selinos-Tal zur Stadt (zwei am Ostufer des Selinos zum Burgberg und drei an dessen Westufer). Von den insgesamt zehn jetzt bekannten antiken Wasserzuleitungen nach Pergamon (die hier beschrieben werden sollen) erreichen damit sieben die Stadt von Norden her.

Für die Wasserbereitstellung im hellenistischen Pergamon des 3. und 2. Jahrh. v.Chr. bestand aufgrund der topographischen Bedingungen nicht nur die Schwierigkeit der Wasserbeschaffung an sich, sondern darüber hinaus auch die der Förderung des Wassers in die Königsstadt auf der Spitze des 300 m aus der Kaikos-Ebene aufragenden und durch einen mehr als 150 m tiefen Sattel vom nördlich angrenzenden Gebirge getrennten Burgberges (Abb. 1).

## *Antike Leitung vom Geyikli-Dağ*

Südlich des Geyikli-Dağ (Gebirgszug westlich von Pergamon) wurden Reste einer antiken Leitung (Abb. 2, Leitung 1) gefunden, die nach Art und Verlegung der Rohre aus spät-hellenistischer oder früh-römischer Zeit stammen könnte. Auch im Norden des Gebirgsmassivs wurden Rudimente einer Leitung der gleichen Art aufgedeckt. Es handelt sich bei diesen Leitungen wahrscheinlich um zwei Quelläste, die sich dann zu einer einzigen, nach Osten in das Gebiet des Asklepieions führenden Leitung vereinigen [GAR 78].

## *Die Leitungen (A) und (B) am Osthang des Selinostales*

Zwei Zuleitungen nach Pergamon (A: einsträngige Tonrohrleitung, B: doppelsträngige Tonrohrleitung) haben ihren Ursprung im oberen Selinostal (Leitungstrasse 2 auf Abb. 2). Sie ziehen sich über mehr als 20 km abgewickelter Länge entlang der östlichen Talhänge bis zum Sattel nördlich des Burgberges, durchfahren hier die Senke mit Druckleitungen (Druckhöhen: Leitung (A) etwa 33 m, Leitung (B) etwa 37 m Wassersäule) und erreichen dann das Stadtgebiet von der östlichen Seite des Burgberges her. Die untere der beiden Leitungen (A) dürfte unter Attalos I. (241-197 v.Chr.) zur Versorgung des zu dieser Zeit vor den Toren der Stadt gelegenen Demeter-Heiligtums gebaut worden sein. Die obere Leitung (B) gehört in die Zeit Eumenes II. (197-159 v.Chr.) und führte zum hellenistischen Gymnasium.

Die hydraulische Leistung der einsträngigen Leitung (A) (Rohrinnendurchmesser 13 cm) hat bei 4.5 l/s (390 $m^3$ täglich) gelegen, die der zweisträngigen Leitung (B) (Rohrinnendurchmesser 18 cm) bei 27 l/s (etwa 2300 $m^3$ täglich) [GAR 78].

## *Die Leitungen (C), (D) und (E) am Westhang des Selinostales*

Am Westhang des Selinostales (Leitungstrasse 3 auf Abb. 2) wurden insgesamt drei antike Leitungen gefunden. Die untere Leitung (C) (Zwillingsrohrleitung) vermochte maximal 43 l/s (3.700 $m^3$) täglich nach Pergamon zu führen. Da die Rohre stark denen der Leitung (B) am östlichen Ufer des Selinos ähneln, ist die Annahme gerechtfertigt, daß diese Leitung ebenfalls zu Beginn des 2. Jahrh. v.Chr. (Bauzeit des hellenistischen Gymnasiums) angelegt wurde.

Die zweite, 20 m über der Leitung (C) liegende Leitung (D) am Westhang des Selinos hat wahrscheinlich die beiden römischen Theater mit Wasser versorgt. Unmittelbar neben dieser Leitung (d = 17 cm) und etwas höher liegend verläuft ein weiterer Rohrstang (E) mit einem größeren Rohrdurchmesser von 19 bis 20 cm.

Es ist zu vermuten, daß die Leitungen (C), (D) und (E) ihren Ursprung im oberen Einzugsgebiet des Selinos-Flusses hatten. Von der Topographie her wären jedoch auch Quellableitungen von den Nordabhängen des Geyikli-Dağ möglich (Abb. 2).

## *Die hellenistische Zuleitung vom Madradağ*

Die Leitung (4) auf Abb. 2 wurde wahrscheinlich von Eumenes II. (197 bis 159 v.Chr.) im Zusammenhang mit dem Um- und Neubau der Königsstadt auf der Spitze des Burgberges angelegt. Sie war 42 km lang und hatte ihren Ursprung in einem Gebiet mit zahlreichen Quellen an den südlichen Hängen des Madradağ-Gebirges in 1230 m Höhe, 900 m über dem höchsten Punkt des Burgberges. Sie bestand in ihrem oberen Verlauf zunächst aus einer Einzelrohrleitung, wurde wenig später zweisträngig und nahm schließlich nach 15 km Lauflänge einen dritten Strang auf (Abb. 3).

Diese dreisträngige Zuleitung vom Madradağ endete am Berg Hagios Georgios, gegenüber dem in Luftlinie 3 km entfernten Burgberg schließlich in einer Wasserkammer (Doppelbecken von zweimal 3.62 x 1.21 $m^2$ Fläche und 1.26 m Tiefe). Der Zulauf (mit freiem Wasserspiegel in den Tonrohren) erfolgte von der nordwestlichen Ecke her in das nördliche Becken, der Abfluß unter Druck diagonal gegenüber aus der südlichen Kammer (Abb. 1). Der Zweck des Beckens war zweifelsfrei die Freihaltung der folgenden Druckleitung von Geschiebe, Sand und Geschwemmsel. Auf diese Druckleitung zwischen der Wasserkammer und der Königsstadt auf der Spitze des Burgberges, die zu den Meisterwerken der antiken Wasserversorgungstechnik zählt, wird weiter unten noch näher eingegangen werden.

## *Die römische Madradağ-Leitung*

Während der Arbeiten an der hellenistischen Madradağ-Leitung ergab sich, daß außer dieser Rohrleitung noch ein überwölbter Kanal vom Madradağ nach Pergamon geführt hat (Leitung 5 auf Abb. 2). Nach archäologischen und historischen Indizien ist davon auszugehen, daß diese Leitung in der Mitte des 2. Jahrh. n.Chr. unter Kaiser Mark Aurel gebaut worden ist [JON 91]. Der Kanal hatte seinen Ursprung in einem weiter westlich gelegenen Quellgebiet, verlief in den unteren zwei Dritteln seiner Lauflänge dann jedoch in der gleichen Trasse wie die hellenistische Rohrleitung. Er erreichte ebenfalls die Wasserkammer am Berg Hagios Georgios (Abb. 1), die in römischer Zeit mehrfach umgebaut worden ist. Die archäologischen Befunde lassen jedoch eindeutige Schlüsse nicht zu, ob das Kanalwasser durch das Becken hindurch geleitet wurde oder ob der Kanal um das Bauwerk herumgeführt wurde.

Da die hellenistische Leitung zur Versorgung des oberen Teils des Burgberges zur Zeit des Baus der römischen Leitung noch in Betrieb war, bestand keinerlei Veranlassung, eine weitere Druckleitung bis zur Bergspitze zu bauen. Das Wasser wurde daher am Hang herabgeführt und dann mit zwei Aquädukten über die beiden tiefsten Punkte des Sattels hinweg in einer mittleren Höhe an den Burgberg herangeleitet. Der größere der beiden Aquädukte gehört mit 700 m Länge und 30 m Höhe zu den größten bekannten Bauwerken dieser Art (vgl. Tabelle auf Seite 74). Er war dreigeschossig mit zwei unteren Stockwerken, bestehend aus Bögen von je etwa 10 m lichter Höhe und Weite und einer oberen Bogenreihe mit um die Hälfte kleineren Abmessungen [HEC 83].

Aus der Höhenlage der Aquädukte läßt sich schließen, daß die Leitung wahrscheinlich zur Versorgung des Gymnasiums gedient hat, das in römischer Zeit völlig umgebaut und erweitert wurde. Auch die östlich und westlich des Gymnasiums neu errichteten Thermen sind wahrscheinlich durch diese Leitung mit Wasser versorgt worden. Das Leistungsvermögen des Kanals lag bei maximal 125 bis 150 l/s oder 10.000 bis 13.000 $m^3$/Tag.

## *Die Kaikos-Leitung [GAR 75]*

Mit der Zunahme der Einwohnerzahl in römischer Zeit ergab sich eine entsprechende, sicherlich überproportionale Erhöhung des Wasserbedarfs. Da sich die Stadt mit ihrem größeren Teil am Fuß des Burgberges in die Ebene ausgebreitet hatte, konnten nun für die Wasserversorgung auch tiefer gelegene Quellgebiete herangezogen werden. Zunächst wurden dabei Quellen westlich von Soma genutzt (Leitung 6, Abb. 2). Die 53 km lange Leitung (überwölbter Freispiegelkanal, Abb. 4) beginnt beim Dorf Turgutalp, überquert den Kaikos und verläuft dann am flach geneigten Nordhang des Tales in westlicher Richtung. Die Kanalbreiten liegen zwischen 0.85 m und 1.10 m (im Mittel bei 0.90 m), die lichten Höhen zwischen 1.30 m und 1.60 m (Mittel bei 1.40 m). Der Kanal ist anscheinend durchweg in offener Baugrube erstellt worden und liegt daher nur wenig unter Gelände. Er vermochte bei 0.90 m Sohlenbreite und Füllung bis zum Ansatz des Gewölbes rund 450 l/s (39.000 $m^3$/d) zu leisten. Im Lauf der Betriebszeit des Kanals verringerten starke Sinterablagerungen an den Wänden diesen Wert infolge von Querschnittsabnahme und Rauheitsvergrößerungen auf 200 l/s, das sind rund 17.000 $m^3$ je Tag.

Die Leitung endete am Südwesthang des Burgberges im Bereich der Gurnellia, bei der es sich möglicherweise um das bisher noch nicht identifizierte Trajansgymnasium handelt. Sollte das zutreffen, dann könnte dieses Gymnasium der Endpunkt der Leitung gewesen sein. Damit fiele ihr Bau in die Regierungszeit Trajans (98 bis 117 n.Chr.).

Im Verlauf der Leitung zwischen Soma und Pergamon überquert der Kanal Senken, Täler und Nebenflüsse des Kaikos auf insgesamt 41 Aquädukten; an fünf Stellen der Leitung wurden Bergrücken mit Tunneln durchquert, die zwischen 100 m und 1650 m lang waren. Die größte der Kanalbrücken war der Aquädukt über den Ilyas Çayi (der antike Karkasos, Abb. 2), von dem heute nur noch ein Rest der Flügelmauer am Osthang, 40 m über der Talsohle, sowie Schutthalden an beiden Talflanken zeugen. Er ist an einer Stelle errichtet, an der sich das Tal auf rund 550 m verengt [HEC 75]. Mit diesen Abmessungen zählt der Karkasos-Aquädukt zu den größten römischen Bauwerken seiner Art:

| | | |
|---|---|---|
| Pont du Gard, Nîmes | h = 48 m | l = 262 m |
| Karkasos, Pergamon | h = 40 m | l = 550 m |
| Segovia | h = 31 m | l = 818 m |
| Madradağ, Pergamon | h = 30 m | l = 700 m |
| Valens, Konstantinopel | h = 23 m | l = 625 m |
| Pont du Crau, Arles | h = 22 m | l = 600 m |

## *Die Aksu-Leitung*

Aus dem Jahr 178 n.Chr. ist ein starkes Erdbeben überliefert, das in ganz Ionien starke Zerstörungen zur Folge hatte. Da hohe, schlanke Aquädukte gegenüber Erdbebenbelastungen sehr anfällig sind, ist davon auszugehen, daß die großen Kanalbrücken der Kaikos-Leitung einstürzten und daß auch viele der kleineren Aquädukte beschädigt wurden. Da die Leitung mit einer Leistung von mehr als 200 l/s (17.000 $m^3$/d) eine der Hauptversorgungsadern der Stadt war, mußte die Wiederherstellung in kürzester Zeit erfolgen. Um in dem erdbebengefährdeten Gebiet weitere Katastrophen ähnlichen Ausmaßes zu vermeiden, wurde die alte Leitung an den Stellen aufgegeben und durch neue Trassen ersetzt, wo die großen Aquädukte zerstört worden waren.

Diese neue Leitung, die Aksu-Leitung (Abb. 2, Leitung Nr. 7), wurde durch ein weites Ausfahren der Täler so geführt, daß die großen und am stärksten gefährdeten Kanalbrücken vermieden wurden. Im oberen Bereich der Täler waren die Abmessungen der Kreuzungsbauwerke geringer. So wurde z.B. der 40 m hohe und 550 m lange Karkasos-Aquädukt durch ein nur 13 m hohes und 55 m langes Bauwerk (Abb. 5) ersetzt. Darüber hinaus liegen die neuen Kanalstrecken bis zu 10 m unter der Geländeoberfläche und wurden auf lange Strecken nicht mehr in offener Baugrube, sondern im Tunnelvortrieb erstellt (Abb. 6).

## Die hellenistische Hochdruckleitung

Das Absetzbecken (Wasserkammer) am Ende der Zuleitung 4 vom Madradağ (Abb. 2) liegt rund 35 m über dem in der Luftlinie 3 km entfernten oberen Teil der Königsstadt auf der Spitze des Burgberges (Abb. 1). Die Überwindung des Einschnitts zwischen der Wasserkammer und dem Burgberg durch eine Druckleitung unter Beanspruchungen, die mit rund 175 m Wassersäule das in der Baugeschichte bis dahin Gewagte um das Doppelte übertrafen, war ein Konzept von beispielloser Kühnheit. Die Druckrohrleitung von Pergamon von der Wasserkammer am Hagios Georgios bis auf den höchsten Punkt des

Burgberges wird daher mit Recht zu den großartigsten Leistungen der antiken Hydrotechnik gerechnet und stellt sicher den Kulminationspunkt hellenistischer Wasserleitungstechnik dar.

Die Druckrohre wurden nicht mehr gefunden, wohl aber ihre Auflager (Abb. 7, 8). Sie bestehen aus aufrecht stehenden Trachytplatten in Abständen von etwa 1.20 m mit den Abmessungen l = 1.20 bis 1.50 m, h = 0.60 bis 0.70 m und b = 0.20 bis 0.30 m. Die Platten sind in der Mitte durchbohrt (d = 0.28 m), wobei bei den meisten Steinen diese Durchbohrung von oben gewaltsam zerschlagen ist. Zwischen den stehenden Platten liegen flach einzelne Trachytplatten, deren Oberfläche mit der Unterkante der Durchbohrung abschließt.

Bei einem Außendurchmesser von 0.28 m und einer angenommenen Wandstärke von 5 cm hat der Innendurchmesser der Rohre 0.18 m betragen. Unter den gegebenen Rahmenbedingungen der Leitung (Verlusthöhe, Rauheit der Rohre) ergibt sich eine Fließgeschwindigkeit von 1.20 m/s und eine Abflußmenge von etwa 31 l/s. Die maximale Leistung der Zuleitung zur Wasserkammer (dreisträngige Rohrleitung, Abb. 3) liegt demgegenüber in der Größenordnung von 45 l/s. Real, d.h. unter Abzug von 25-30 % Verlusten auf 42 km Lauflänge, wurden der Wasserkammer und damit der Druckleitung jedoch wahrscheinlich nur 30 bis 35 l/s (rund 2800 $m^3/d$) zugeführt.

Da die Leistungsfähigkeit von Rohrleitungen in den Jahrhunderten v.Chr. bei dem damaligen Stand der technisch-wissenschaftlichen Kenntnisse nicht berechnet werden konnte, sondern abgeschätzt werden mußte, ist diese gute Übereinstimmung des Abflusses in der einsträngigen Druckleitung (31 l/s) mit dem realen Freispiegelabfluß in der dreisträngigen Zuleitung (30-35 l/s) ein Zeugnis für die Fähigkeit der alten Baumeister, sich in physikalische Vorgänge einfühlen zu können.

Die Frage des Materials der nicht mehr existenten Rohre war lange offen. Daß die Leitung aus Metall bestanden haben muß, ergibt sich aus der Art der Lagerung und auch aus der Tatsache, daß alle Rohre systematisch und teilweise mit Gewalt (aufgeschlagene Lochsteine) entfernt wurden (Abb. 7), als der Betrieb der Leitung eingestellt werden mußte. Untersuchungen des Bodens im Bereich der Leitung auf metallische Spurenelemente (Blei, Kupfer, Zink) führten 1976 zu dem Ergebnis, daß direkt unter der Leitung im Vergleich zu Proben neben der Trasse ein 56fach höherer Bleigehalt besteht, während die Kupfer- und Zinkwerte an beiden Stellen weitgehend identisch waren. Mit an Sicherheit grenzender Wahrscheinlichkeit kann daher angenommen werden, daß die Druckrohrleitung von Pergamon aus Blei bestanden hat.

An welcher Stelle die Druckleitung letztendlich die Spitze des Burgberges erreichte, ist nach wie vor unbekannt. Die letzten Lochsteine der Lagerung wurden etwa 20 m unterhalb der nordöstlichen Ecke des Burgbergmassivs, unterhalb des Gebiets der Arsenale gefunden (Abb. 1). Ob die Leitung im Bereich der Arsenale und Vorratshäuser endete oder aber auf dem höchsten Punkt des Burgberges im Bereich der Königspaläste, ist durch Grabungen nicht mehr feststellbar, da die Burgspitze in den 2000 Jahren ihrer Besiedlung zu viele bauliche Veränderungen erfahren hat und schließlich in den letzten Jahrhunderten große Verwüstungen das Alte zerstört haben.

Es gibt jedoch eine Reihe von Indizien und Überlegungen, die dafür sprechen, daß die Leitung im Bereich der Königspaläste endete, denn eine so spektakuläre und wichtige Leitung wird nicht im wenig repräsentativen Arsenalbezirk ausgelaufen sein, sondern an einem prominenten Platz des Burgberges. Es ist zu vermuten, daß die Druckrohrleitung entlang und außerhalb der östlichen Stadtmauer auf den hier liegenden Fundamentbauten verlief und dann als Steigleitung nahezu lotrecht auf die Felskuppe des Gipfels geführt wurde. Ein Wasserturm oder Wasserschloß (Nymphäum? Überlaufbrunnen? Springbrunnen?) auf der Spitze des Burgberges wäre dann der Ausgangspunkt der fließenden Wasserversorgung (maximal 2800 m³ je Tag) der Königsstadt gewesen.

Da beim Bau der römischen Kanalleitung 5 vom Madradağ (wahrscheinlich um 170 n.Chr.) nachweislich an drei Stellen auf die in gleicher Trasse laufende hellenistische Leitung 4 (Bau um 180 v.Chr.) Rücksicht genommen worden ist, muß diese zu dieser Zeit noch in Betrieb gewesen sein. Die Druckrohrleitung war demzufolge also mindestens 380 Jahre funktionstüchtig.

## Zusammenfassung

Es kann davon ausgegangen werden, daß das Zisternensystem und die zehn vorstehend beschriebenen Zuleitungen zur Stadt zur Blütezeit im 2. Jahrhundert und vermutlich auch noch im 3. Jahrhundert n.Chr. gleichzeitig in Betrieb waren. Die Gesamtmenge des von außen zugeführten Wassers dürfte zu dieser Zeit in der Größenordnung von 400 bis 500 l/s gelegen haben, das sind rund 40.000 m³ je Tag. Die Einwohnerzahl der Stadt schätzte der in Pergamon geborene und in Rom tätige Arzt Galen (129 bis 199 n.Chr.) auf 160.000. Damit entfielen auf jeden Bürger etwa 250 Liter täglich. Dieser Wert übertrifft deutlich den heutigen mittleren Verbrauch der Kommunen (Haushalte, Kleingewerbe, öffentliche Einrichtungen) in der Bundesrepublik Deutschland, der bei 140 Liter je Kopf und Tag liegt.

Die Qualität des in Pergamon verfügbaren Trinkwassers war ausgezeichnet. Alle Zuleitungen gingen von Bergquellen im Norden und Westen oder von dem großen Quellgebiet im Kaikostal bei Soma aus. Nutzungen von Flußwasser sind nicht bekannt. Das Zisternenwasser auf dem Burgberg besaß ebenfalls Trinkwasserqualität, nicht zuletzt wegen der strengen Aufsicht der Astynomen [KLA 77]. Nach Analysen durch türkische staatliche Kontrollinstitutionen genügt das Wasser in noch heute genutzten Zisternen allen Anforderungen, die bei modernen Trinkwasserversorgungen erfüllt werden müssen.

Die Wasserleitungen sind den Befunden zufolge nicht durch gewaltsame Einwirkungen abrupt zerstört worden. Sie wurden mit dem Rückgang der Größe, Macht und Bedeutung der Stadt zunehmend vernachlässigt. Schwache Verwaltungen, mangelnde Mittel für die kostspielige Unterhaltung und für Reparaturen, Versandung der Kanäle sowie nicht zuletzt auch Schäden durch Erdbeben waren die Hauptursachen für den Verfall der großartigen hydrotechnischen Anlagen Pergamons.

Aus den Wasserzuleitungen nach Pergamon sei nochmals die hellenistische Madradağ-Leitung hervorgehoben. Für die Versorgung der höher gelegenen Stadtteile, insbesondere der Königsstadt, wurde hier das

Wagnis unternommen, von den Hängen des Madradag-Gebirges im Norden über 42 km Entfernung Wasser an die Stadt heranzuführen und schließlich über eine mehr als 3 km lange Druckleitung auf die Spitze des Burgberges zu bringen. Der Bau der Leitung für eine Leistung von 30 - 35 l/s und unter Drücken von rund 175 m Wassersäule war für die damalige Zeit ein kühner Schritt in Neuland. Niemals zuvor und auch niemals bis ins Maschinenzeitalter hinein ist eine Leitung dieser Größenordnung wieder derartigen Drücken ausgesetzt worden. Die Druckleitung von Pergamon gehört damit zweifellos zu den großartigsten hydrotechnischen Leistungen der Antike.

## Literatur

[ALT 13] Altertümer von Pergamon. Band I: Stadt und Landschaft. Teil 3: Die Wasserleitungen. Berlin 1913.

[BRI 90] Brinker, W.: Wasserspeicherung in Zisternen - Ein Beitrag zur Frage der Wasserversorgung früher Städte. Mitteilungen des Leichtweiß-Instituts für Wasserbau der Technischen Universität Braunschweig, Heft 109, 1990.

[GAR 73] Garbrecht, G.; Holtorff, G.: Wasserwirtschaftliche Anlagen des antiken Pergamon - Die Madradağ-Leitung. Mitteilungen des Leichtweiß-Instituts für Wasserbau der Technischen Universität Braunschweig, Heft 37, 1973.

[GAR 75] Garbrecht, G.; Fahlbusch, H.: Wasserwirtschaftliche Anlagen des antiken Pergamon - Die Kaikos-Leitung. Mitteilungen des Leichtweiß-Instituts für Wasserbau der Technischen Universität Braunschweig, Heft 44, 1975.

[GAR 78] Garbrecht, G.; Hecht, K.: Bisher unveröffentlichte Berichte aus dem Leichtweiß-Institut für Wasserbau der Technischen Universität Braunschweig, 1978 bis 1981.

[HEC 75] Hecht, K.: Die wasserwirtschaftlichen Anlagen des antiken Pergamon - Zwei Aquädukte der Kaikos-Leitung. Mitteilungen des Leichtweiß-Instituts für Wasserbau der Technischen Universität Braunschweig, Heft 45, 1975.

[HEC 77] Hecht, K.: Wasserwirtschaftliche Anlagen des antiken Pergamon - Zwei weitere Aquädukte der Kaikos-Leitung. Mitteilungen des Leichtweiß-Instituts für Wasserbau der Technischen Universität Braunschweig, Heft 54, 1977.

[HEC 83] Hecht, K.: Die Aquädukte der Madradağ-Kanalleitung sowie der Aquädukte XLII und XLIII der Aksu-Leitung (Bauaufnahmen 1979). Mitteilungen des Leichtweiß-Instituts für Wasserbau der Technischen Universität Braunschweig, Heft 78, 1983.

[JON 91] Jones, C.P.: Aelius Aristides "On the Water in Pergamon". DAI, Arch. Anzeiger 1991, S. 111-117.

[KLA 77] Klaffenbach, G.: Die Astynomeninschrift von Pergamon. Berlin: Akademie-Verlag 1977.

[RAD 88] Radt, W.: Pergamon. Köln: DuMont Buchverlag 1988.

[VIT 64] Vitruv: 10 Bücher über die Architektur. Deutsch von C. Fensterbusch. Darmstadt: Wiss. Buchgesellschaft 1964.

Abb. 1 Blick von Norden (vom Berg Hagios Georgios) über den Sattel auf den etwa 3 km entfernten Burgberg Pergamon. Im Vordergrund die Überreste der Wasserkammer (Zustand 1980), die zwischen der von rechts kommenden Zuleitung vom Madradağ (3-strängige Tonrohrleitung) und der Druckleitung (einsträngige Bleirohrleitung) zum Burgberg liegt

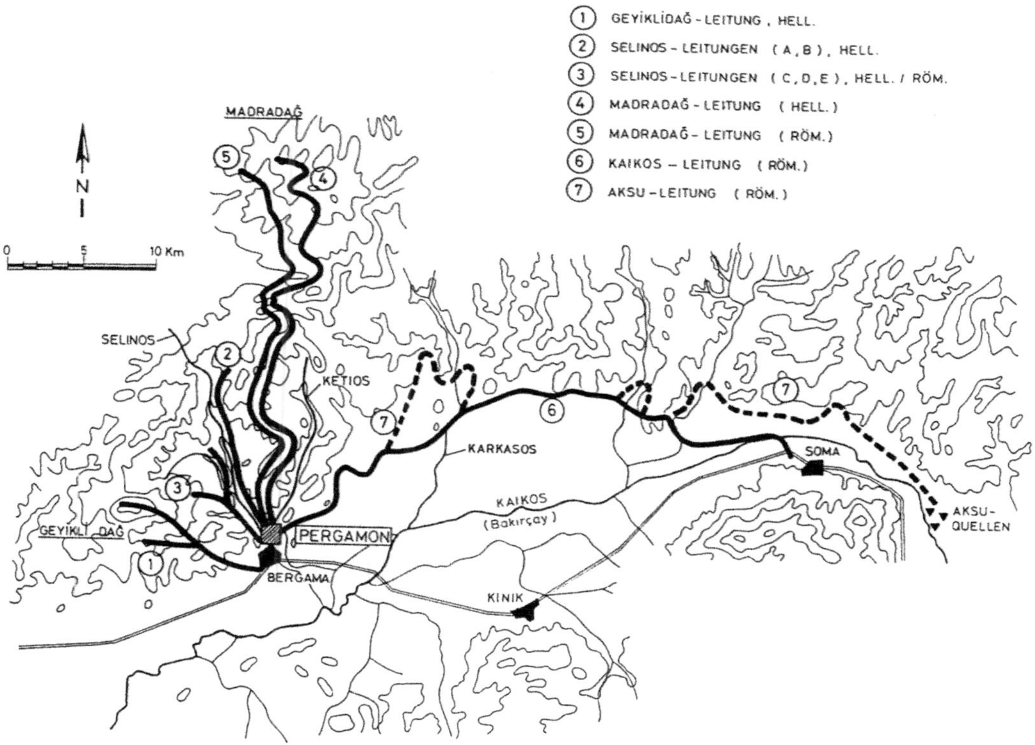


Abb. 2 Übersichtsplan der zehn antiken Wasserzuleitungen nach Pergamon

Abb. 3 Dreisträngige Tonrohrleitung vom Madradağ nach Pergamon, Innendurchmesser 16 bis 19 cm, Wandstärke 3 bis 4 cm (Leitung 4 auf Abb. 2)

Abb. 4 Römischer Kanal im Kaikos-Tal (Leitung 6 auf Abb. 2) mit Sinterablagerungen an den Seitenwänden

Abb. 5 Weiter flußaufwärts im Karkasos-Tal liegende Kanalbrük- ke (Abb. 2, Leitung 7) als Ersatz für den 40 m hohen und 550 m langen Karkasos-Aquädukt (Abb. 2, Leitung 6)

Abb. 6 Bergmännisch mit verlorener Schalung (Tonplatten) gebaute Aksu-Leitung (Ersatz der Kaikos-Leitung, Abb. 4)

Abb. 7 Auflager der pergamenischen Druckleitung (Aufgrabung 1980)

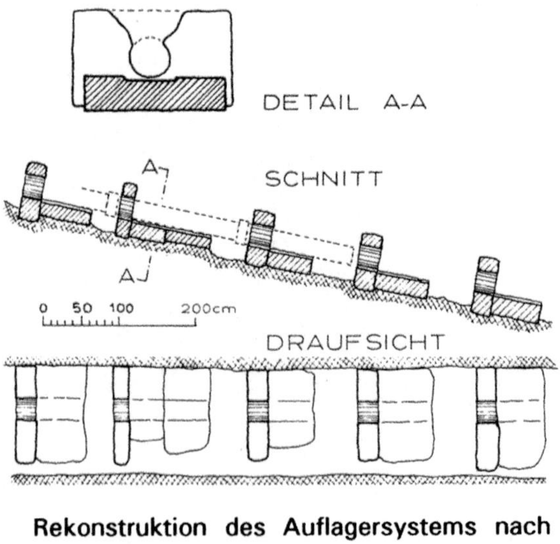


Abb. 8 Rekonstruktion des Auflagersystems nach Fabricius/ Graeber [ALT 13]

## Die Wasserversorgung der Festung Masada

### Allgemeines

Das Felsmassiv Masada ist Teil des zum Toten Meer steil abfallenden Ostrandes der Judäischen Wüste. Der Dolomit-Block ragt 330 m aus der Küstenebene des Toten Meeres auf und ist von den westlich anschließenden Bergen durch einen tief eingeschnittenen Sattel getrennt. Mit seinen nach allen Seiten vertikal abfallenden Flanken bildet das 650 m lange und 300 m breite Gipfelplateau eine gut zu verteidigende, natürliche Festung (Abb. 1). Der älteste Ausbau von Masada wird dem hasmonäischen Hohepriester und König Alexander Jannai (103-77 v.Chr.) zugeschrieben. Auch nach dem großzügigen Ausbau Masadas und der Errichtung reich ausgestatteter Palastanlagen durch Herodes (37-4 v.Chr.) behielt der Platz für den König die Bedeutung einer Festung und sicheren Zufluchtstätte.

Tragische Berühmtheit hat Masada durch das Enddrama des jüdischen Aufstandes (73 n.Chr.) erlangt, als die mit Frauen und Kindern fast 1000 Menschen zählende Besatzung angesichts der unausweichlichen Einnahme der Festung durch die Römer kollektiven Selbstmord beging. Wie archäologische Funde zeigen, war Masada nach der Zerstörung im Jahre 73 n.Chr. noch einmal in der Zeit der Blüte des Mönchtums in der judäischen Wüste bewohnt (Mitte/Ende 1. Jahrt. n.Chr.).

## Wasserwirtschaftliche Rahmenbedingungen

An den Hängen des südlichen Jordantals liegt der jährliche Niederschlag zwischen 50 und 100 mm. Er fällt im allgemeinen nur in den Wintermonaten November bis März. Diese Werte des langjährigen Mittels täuschen die Verfügbarkeit eines bestimmten jährlichen Wasserdargebots vor. In Wirklichkeit sind die Niederschläge jedoch starken Schwankungen unterworfen. Regenarmen Jahren mit nur wenigen Millimetern Regen, oft mehrere in Folge, stehen Jahre gegenüber, in denen der Niederschlag das Doppelte oder mehr des mittleren Jahreswertes erreicht. Unter diesen Voraussetzungen ist die Speicherung von Wasser ein zentrales Element einer zuverlässigen Wasserversorgung. Wasser mußte (im Normalfall) in genügender Menge aus den Wintermonaten in die Sommermonate transferiert werden können und (im Extremfall) auch aus wasserreichen in regenarme Jahre. Als Speicherräume kamen unter den gegebenen topographischen Bedingungen von Masada nur große Zisternen in Frage.

## Die hasmonäische Festung

Die Wasserversorgung der hasmonäischen Festung beruhte auf einer Sammlung der Niederschläge in offenen Becken (das größte hat Abmessungen von 18 x 13 x 2.5 = 585 $m^3$) und in zwei geschlossenen Felszisternen (mit 400 $m^3$ bzw. 1000 $m^3$ Inhalt) auf dem Gipfelplateau. Da bei einem mittleren Niederschlag von etwa 75 mm und einem Abflußbeiwert von 0.65 auf 105.000 $m^2$ Felsfläche maximal etwa

5100 $m^3$ Wasser aufgefangen werden konnten, war in Normaljahren eine Füllung der künstlichen Speicherräume mit Sicherheit möglich.

Beim Parthereinfall 40 v.Chr. mußte Herodes nach Rom flüchten, um Hilfe zu erbitten. Während der langen Zeit seiner Abwesenheit brachte er seine Familie mit seinem Bruder Joseph nach Masada in Sicherheit. Die Festung wurde belagert, konnte aber nicht erobert werden. Während dieser Zeit stand Joseph jedoch einmal bereits im Begriff, den Widerstand infolge Wassermangels aufzugeben, als ein heftiger Regen die leeren Becken und Zisternen buchstäblich über Nacht wieder auffüllte. Es war sicherlich auch diese Erfahrung, die Herodes veranlaßte, die Wasserversorgung seiner Fluchtburg Masada weiter auszubauen und damit auf eine sicherere Basis zu stellen.

## Die herodianische Wasserversorgung

Bei den kurzen, heftigen Regenfällen im vegetationslosen, judäischen Bergland entstehen in den Wadis plötzliche Hochwasser mit großen Abflußvolumina. Derartige 'Sturzfluten' treten im Bereich von Masada im Mittel ein- oder zweimal im Jahr auf. Diese kurzzeitigen Hochwasserabflüsse aus den westlich anschließenden Bergen wurden von den Baumeistern des Herodes in ein gewaltiges, 12 Zisternen umfassendes Speichersystem (Gesamtinhalt 41.000 $m^3$) in der nordwestlichen Flanke des Masada-Massives geleitet (Abb. 2, 3). Die 4 Zisternen der unteren Reihe wurden mit Wasser aus dem Wadi Ben-Yair gefüllt, die 8 Zisternen der oberen Reihe aus dem Wadi Masada. Den topographischen Verhältnissen entsprechend lagen die Zisternen in bezug auf die beiden Täler zwar so hoch wie möglich, jedoch immer noch 40 m bzw. 80 m unter dem Gipfelplateau.

Die Zisternen sind aus dem Dolomit-Gestein des Bergmassivs herausgeschlagen, das zwar hart ist, aber infolge der reichlich vorhandenen Risse leicht bearbeitet werden konnte. Ein Teil des Ausbruchmaterials ist von Herodes wahrscheinlich für den Bau der Paläste, Vorratshäuser und Befestigungsanlagen auf dem Gipfel verwendet worden. Alle 12 Wasserspeicher sind im Grundriß rechteckig, in einigen Fällen blieben große Pfeiler aus natürlichem Fels zur Abstützung der Decken bestehen (meist an den Wänden, in einem Fall freistehend). Die Wandungen waren mit einem mehrschichtigen, grauen hydraulischen Mörtel, bestehend aus Kalk, Asche (Holzkohlestückchen) und Sand, verputzt. Von den Einläufen bis zur Zisternensohle war jeweils eine breite Treppe angeordnet, die sowohl der Wasserentnahme als auch der Reinigung diente.

Das Wasser aus diesen tief liegenden Vorratszisternen wurde in Ledersäcken mit Lasttieren auf die Höhe des Festungsplateaus transportiert und in die hier existierenden Versorgungsbecken und -zisternen gefüllt. Der Pfad von der oberen Zisternengruppe führte zum sog. 'Wassertor' an der nordwestlichen Ecke des Gipfels, der Pfad von der unteren Zisternengruppe schloß an den Schlangenpfad an, der an der Ostflanke des Berges zum Gipfel führt (Abb. 2). Der Wasservorrat der 12 Zisternen stand auch unter Belagerungsbedingungen zur Verfügung, da die schmalen Zugänge zu den Zisternengruppen entlang der Zulaufkanäle leicht zu verteidigen und darüber hinaus durch einen Wachtturm gesichert waren.

Zusammen mit dem Bau der beiden tiefliegenden Zisternengruppen in der nordwestlichen Bergflanke wurden von Herodes auf dem Plateau, zusätzlich zu den älteren, hasmonäischen Anlagen, noch 2 große und 4 kleinere Zisternen mit einem Gesamtvolumen von 4500 $m^3$ angelegt (Abb. 4). Insgesamt konnten also in den Zisternen und Becken des Bergmassivs 48.000 $m^3$ Wasser gespeichert werden. Damit hätten 1000 Bewohner über ein ganzes Jahr hinweg täglich mit je 130 l Wasser versorgt werden können. Vergleichsweise wurden 1994 in der Bundesrepublik Deutschland 140 l je Kopf und Tag verbraucht.

Ein Schwimmbecken in der Nähe des westlichen Palastes, eine großzügige, öffentliche Thermenanlage im Bereich der Vorratshäuser sowie eine kleine, kompakte Therme im Nordpalast zeugen von der großzügigen Bauauffassung des Herodes im allgemeinen und hier in Masada von der Errichtung einer mit Wasser wohlversorgten (Palast-)Festung, die zu den stärksten gehörte, die in römischer Zeit gebaut worden sind.

Zusammenfassend läßt sich sagen, daß es den herodianischen Baumeistern in Masada durch Einfallsreichtum, geschickte Ausnutzung der schwierigen örtlichen Gegebenheiten sowie durch hohes technisches Können gelungen ist, das sehr beschränkte natürliche Wasserpotential der Umgebung optimal zu nutzen. Auch aus dem Blickwinkel heutiger Wissenschaft und Technik heraus gebührt dieser Leistung Respekt und Hochachtung.

## Weiterführende Literatur

Garbrecht, G./ Peleg, J. — Die Wasserversorgung geschichtlicher Wüstenfestungen am Jordantal. Antike Welt, 20. Jahrg., Heft 2, 1989.

Netzer, E. — Masada. In: Die Wasserversorgung antiker Städte, Bd. 2. Mainz: Verlag Philipp v. Zabern 1991.

Yadin, Y. — Masada. London: Weidenfeld and Nicholson 1966.

Abb. 1 Bergmassiv Masada am Westufer des Toten Meeres (Aufnahme aus östlicher Richtung)

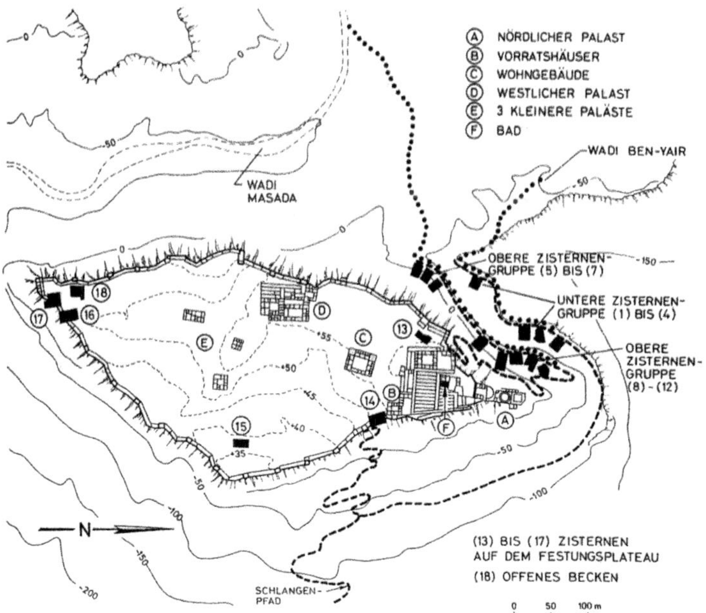


Abb. 2 Lageplan der Festung Masada mit ihren Wasserzuleitungen von Westen und ihren Zisternen und Becken

Abb. 3 Die beiden Zisternenreihen in der nordwestlichen Flanke des Bergmassivs Masada

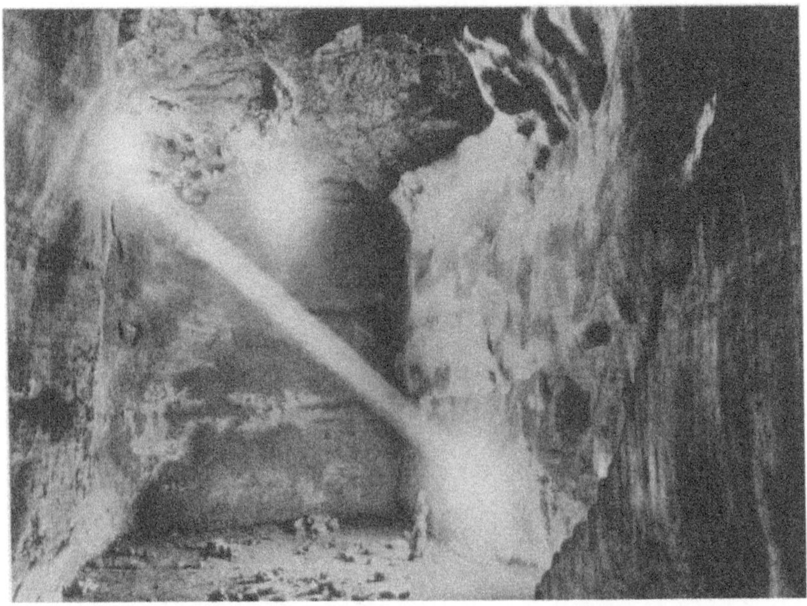

Abb. 4 Herodianische Süd-Zisterne auf dem Plateau (Nr. 16 auf Abb. 2) mit einem Volumen von 1.800 $m^3$

# Die Wasserversorgung des antiken Rom

## Allgemeines

Die technische Infrastruktur der großen Städte des Altertums tritt in den Geschichtsbüchern und in den Fachveröffentlichungen meist in den Hintergrund, da den zum größten Teil unterirdisch verlegten Zisternen, Kanälen, Rohren und Absetzbecken nicht der gleiche Stellenwert beigemessen wird wie beispielsweise Theatern, Tempeln, Thermen oder Königspalästen. Es steht jedoch außer Zweifel, daß viele der hydrotechnischen Anlagen der großen Städte des Altertums in der Großartigkeit ihrer Konzeption und in der hochstehenden Technik ihrer Ausführung den architektonischen Leistungen ihrer Zeit durchaus ebenbürtig waren. Eines der hervorragendsten Beispiele dafür ist die antike Weltstadt Rom, deren Wasserversorgungs- und Abwassersystem in Planung, Bau und Betrieb auf einer Stufe stand, wie sie nach dem Verfall der Stadt in der Mitte des 1. Jahrt. n.Chr. erst im 19. und 20. Jahrhundert wieder erreicht worden ist.

Frontinus, der von 97 bis 103 n.Chr. als Curator Aquarum für die Wasserversorgung Roms verantwortlich war, schreibt über die Anfänge der Deckung des städtischen Trinkwasserbedarfs: "441 Jahre lang nach der Gründung der Stadt (753 v.Chr.) waren die Römer mit der Nutzung von Wasser zufrieden, das sie aus dem Tiber, aus Brunnen oder Quellen schöpften. Die Erinnerung an die Quellen wird bis jetzt mit religiöser Verehrung gepflegt...."

Im Verlauf seiner weiteren Entwicklung mußte Rom dann bei wachsender Bevölkerungszahl immer weiter in die Umgebung hinausgreifen, um den zunehmenden Wasserbedarf decken zu können. So entstand, ganz pragmatisch und durch die steigenden Anforderungen bestimmt, ein System von Zuleitungen, die gesonderte Quellgebiete aufsuchten und aus ihnen Wasser zur Stadt und teilweise zu bestimmten Anlagen im Stadtgebiet führten. Erstmals wurde 312 v.Chr. durch Appius Claudius Caecus Quellwasser aus dem Anio-Tal aus 17.6 km Entfernung in die Stadt geleitet. Zur Zeit des Frontinus waren bereits 9 Leitungen von insgesamt 423 km Länge in Betrieb. Dazu kamen im Jahre 117 n.Chr. noch die 60 km lange Aqua Traiana und im Jahr 226 n.Chr. die 22.4 km lange Aqua Alexandrina (Tab. 1, Abb. 1).

Eine Schätzung der Gesamtwassermenge, die täglich nach Rom geleitet wurde, ist schwierig, da unbekannt ist, wie viele der großen Wasserzuleitungen gleichzeitig in Betrieb waren (es wird immer wieder von zeitweiligen Unterbrechungen einzelner Leitungen wegen Reparaturarbeiten berichtet), wie groß die Wasserverluste durch Undichtigkeiten und Wasserbetrug waren und bis zu welcher Höhe die auf Begehbarkeit ausgelegten Leitungsquerschnitte tatsächlich durchflossen wurden. Schätzwerte umfassen die ganze Spanne zwischen 100.000 $m^3$ und 1.500.000 $m^3$. Eine sorgfältige Erfassung und kritische Wertung der Mengenangaben im Buch des Frontinus "DE AQUAEDUCTU URBIS ROMAE" führen zu dem Ergebnis, daß die am Ende des 1. Jahrh. n.Chr. bestehenden neun Zuleitungen der Stadt täglich zwischen 520.000 $m^3$ und 635.000 $m^3$ Trinkwasser zuzuführen vermochten (die Aqua Alsietina zur augustäischen Naumachie ist dabei nicht berücksichtigt). Bei einer Bevölkerungszahl in der Größenordnung von 1.000.000 sind das rund 600 Liter je Kopf und Tag.

Diese Wassermenge ist sehr groß, wenn sie dem Wasserbedarf moderner Städte gegenübergestellt wird (Bundesrepublik Deutschland 1994 rund 140 l pro Kopf und Tag). Dabei ist jedoch zu beachten, daß der Wert 600 l nicht den tatsächlichen Verbrauch der römischen Bevölkerung darstellt. Der kontinuierliche Zufluß von rund 600.000 $m^3$/Tag passierte die Stadt (öffentliche Brunnen, Thermen, Privatanschlüsse) in einem stetigen Strom und war nicht regulierbar. Das nicht genutzte, aus den Brunnen überlaufende Wasser wurde über die Kanalisation schließlich in den Tiber abgeleitet.

## Die Wasserzuleitungen zur Stadt

Alle bekannten Fernwasserleitungen zu den großen Städten des römischen Imperiums waren in freiem Gefälle ohne Einschaltung von Wasserhebeeinrichtungen zwischen dem natürlichen Vorkommen und dem Verbraucher angelegt. Das Wasserdargebot der jeweiligen Region konnte also nur insoweit zur Deckung des Bedarfs genutzt werden, wie es höhenmäßig eine Zuleitung in freiem Gefälle zuließ. In Rom boten sich hierzu die Sabiner Berge im Osten der Stadt (Anio-Tal), die Albaner Berge im Süden und für die Versorgung des Stadtgebietes jenseits des Tibers das Gebiet des Bracciano-Sees an (Abb. 1, 2). Topographisch bestand bei der Wasserversorgung Roms die Schwierigkeit, die zwischen den Bergen im Süden bzw. Osten und dem Stadtgebiet liegende Ebene (die Römische Campagna) zu überqueren, denn grundsätzlich waren die Hügel Roms von den Bergen her nur über Kanalbrücken (Aquädukte) größerer Länge mit Wasser zu versorgen.

Die frühen Leitungen waren im wesentlichen unterirdisch verlegt. Die Aqua Appia hatte bei 17.6 km Gesamtlänge nur 890 m Trassenführung an der Oberfläche und die Aqua Anio Vetus bei 64 km Gesamtlänge nur 400 m sichtbare Kanalstrecke (Tab. 1). Frontinus schreibt dazu: "... weil sie die Wasserleitungen mit voller Absicht tief in die Erde bauten, damit sie nicht so leicht von Feinden unterbrochen werden konnten, denn damals wurden noch häufigere Kriege gegen die Italiker geführt."

Im Laufe der folgenden Jahrhunderte der Pax Romana wurde das Wasser dann auf immer höherem Niveau in die Stadt geführt. Während die Aqua Appia in der Stadt nur die unter 20 m ü.M. liegenden Stadtteile mit Wasser versorgen konnte, erreichten die n.Chr. gebauten Leitungen auch Stadtgebiete mit Höhenlagen bis zu 70 m ü.M. (Tab. 1). Die Aquädukte in der Ebene vor der Stadt waren demzufolge im Verlauf der Zeit immer höher und länger geworden und mußten dann bei Kreuzungen über die älteren niedrigeren Aquädukte hinweggeführt werden. Da die Leitungen (2), (3), (8), (9) aus den Sabiner Bergen (Anio-Tal) und die Kanäle (4), (5) aus den Albaner Bergen auf den letzten 8 bis 10 km vor den Toren der Stadt aufgrund der topographischen Gegebenheiten weitgehend in der gleichen Trasse verliefen (Abb. 1), wurden die Aquädukte in diesem Bereich z.T. mehrfach benutzt. So wurden die Aqua Tepula (126 v.Chr.) und die Aqua Iulia (33 v.Chr.) über den bereits seit 140 v.Chr. bestehenden Aquädukt der Aqua Marcia geführt. Auch die gleichzeitig entstandenen Leitungen Aqua Claudia und Aqua Anio Novus wurden in einem Bauwerk zusammengefaßt. Abb. 3 zeigt die künstlerische Impression (Gemälde von Zeno Diemer) eines Kreuzungspunktes dieser beiden Mehrfachaquädukte, wie er in der römischen Kaiserzeit ausgesehen haben mag.

### *AQUA APPIA (1)*

Diese älteste der Wasserleitungen Roms (312 v.Chr. von Appius Claudius Caecus gebaut) umfaßt Quellen (Wasser hervorragender Qualität) zwischen dem 8. und 9. Meilenstein der via Praenestina. Von der fast auf ganzer Länge unterirdisch verlaufenden Leitung ist nur wenig gefunden worden. Ihre Trasse (Abb. 1) ist hauptsächlich nach den Angaben Frontinus' rekonstruiert worden. In augustäischer Zeit wurde der Aqua Appia ein zweiter Quellast, die Aqua Augusta, hinzugefügt. Das Leistungsvermögen beider Leitungen lag bei 50.000 $m^3$ je Tag.

### *AQUA ANIO VETUS (2)*

Auch über den genauen Verlauf der unterirdischen Aqua Anio Vetus (272 v.Chr., Manius Curius Dentatus und Fulvius Flaccus) ist wenig bekannt. Sie leitete zwischen Vicovaro und Mandela Oberflächenwasser minderer Qualität direkt aus dem Anio ab. Im Stadtgebiet durchquerte sie den Esquilin und endete in der Nähe der heutigen Stazione Termini. Die Leistung der Aqua Anio Vetus lag bei täglich 75.000 $m^3$.

## *AQUA MARCIA (3)*

Nach einer gründlichen Instandsetzung der beiden bereits bestehenden Leitungen wurde 144 bis 140 v.Chr. vom Prätor Quintus Marcius Rex mit einer neuen, über 90 km langen Leitung (Abb. 4) qualitativ ausgezeichnetes Quellwasser (80.000 $m^3$ je Tag) aus den Kalksteinformationen des oberen Anio-Tales in die Stadt geleitet. Die Aqua Marcia versorgte mehrere Stadtteile, darunter auch den Bereich des Quirinals (der wegen seiner Höhe erst zu diesem Zeitpunkt an die Wasserversorgung angeschlossen werden konnte) und das Kapitol.

## *AQUA TEPULA/AQUA JULIA (4, 5)*

Vom Fuß der Albaner Berge wurden 126 v.Chr. durch die Aqua Tepula (erbaut durch Cnaeus Servilus Caepio und Lucius Cassius Longinus) und 33 v.Chr. durch die Aqua Julia (errichtet durch Agrippa) zusammen täglich weitere 52.000 $m^3$ Quellwasser nach Rom geleitet. Bereits die Aqua Tepula war 126 v.Chr. auf den Aquädukt der Aqua Marcia aufgesetzt worden. Die Aqua Julia bildete dann das 3. Stockwerk auf dem gleichen Aquädukt (Abb. 3).

## *AQUA VIRGO (6)*

Die Aqua Virgo, in den Jahren 21 bis 19 v.Chr. von Agrippa gebaut, faßt Quellen im Unterlauf des Anio und führt sie in etwa der gleichen Höhenlage wie die Aqua Appia von Norden her in die Stadt. Mit einer Leistung in der Größenordnung von 53.000 $m^3$ je Tag versorgte sie in der Hauptsache die tiefliegenden Thermen Agrippas und Neros.

### *AQUA ALSIETINA (7)*

Die Aqua Alsietina wurde auf Geheiß von Augustus errichtet. Sie leitet aus dem Martignano-See im Nordwesten Roms qualitativ minderwertiges Wasser für die Speisung einer Naumachie, für Bewässerungszwekke und zur Straßenreinigung in die Gebiete westlich des Tibers.

### *AQUA CLAUDIA/AQUA ANIO NOVUS (8, 9)*

Beide Wasserleitungen aus dem Anio-Tal wurden unter Caligula (37-41 n.Chr.) begonnen und unter Claudius (41-54 n.Chr.) vollendet. Die Aqua Claudia vermochte der Stadt täglich rund 110.000 $m^3$ hervorragendes Quellwasser zuzuführen, die Aqua Anio Novus etwa 140.000 $m^3$ (Ableitung aus dem Anio, trübes Oberflächenwasser). Die Verlängerung der Aqua Anio Novus bis zur Talsperre bei Subiaco und die Entnahme aus dem Speicher-See (unter Trajan, 98-118 n.Chr.) erbrachte dann eine wesentliche Qualitätsverbesserung.

Beide Leitungen wurden vor der Stadt über einen 10 km langen Aquädukt geführt, der mit seiner harmonischen Synthese von Zweckmäßigkeit und Schönheit, von Technik und Kunst zu den eindrucksvollsten Bauwerken in der Römischen Campagna gehört (Abb. 3, 5, 6).

### *AQUA TRAJANA/AQUA ALEXANDRINA (10, 11)*

Die 109-117 n.Chr. unter Kaiser Trajan gebaute Aqua Trajana leitete Quellwasser aus dem Gebiet des Bracciano-Sees von Nordwesten her in die Stadt. Sie versorgte vor allem Trastevere, speiste aber auch die Thermen des Trajan in der Nähe des Kolosseums. Die letzte der großen

Wasserzuleitungen zur Stadt Rom wurde dann 226 n.Chr. vom Kaiser Alexander Severus angelegt. Sie faßt das Wasser von Quellen bei Colonna und leitet es entlang der via Praenestina und via Labicana zur Stadt, insbesondere zu den Thermen des Alexander Severus, die im Marsfeld anstelle der Thermen des Nero errichtet wurden.

## Unterhaltung der Leitungen

Undichte Stellen durch den Zerfall der Innenauskleidung (Verputz), durch Dehnungs- und Setzungsrisse sowie durch das Eindringen von Baum- und Strauchwurzeln in die unterirdischen Strecken waren ein ständiges Problem der römischen Wasserleitungen. Zuweilen mußten, vor allem an den älteren Versorgungsleitungen, umfangreiche Instandsetzungsarbeiten auf größeren Strecken vorgenommen werden (siehe auch das folgende Kapitel "Römische Aquädukte").

Frontinus schreibt, daß zur Zeit des Baus der Aqua Marcia sowohl die Aqua Appia als auch die Aqua Anio Vetus renoviert worden seien und daß Agrippa beim Bau der Aqua Julia auch die Aqua Appia, die Aqua Anio Vetus und die Aqua Marcia ausgebessert habe. Inschriften berichten von Reparaturarbeiten an allen Fernwasserleitungen in den Jahren 11 bis 5 v.Chr., an der Aqua Claudia im Jahr 71 n.Chr. (nachdem sie zehn Jahre in Betrieb und neun Jahre außer Betrieb war), an der Aqua Marcia im Jahr 71, an der Aqua Claudia und der Aqua Anio Novus im Jahr 81, nochmals an der Aqua Claudia im Jahr 84 und schließlich an der Aqua Marcia im Jahr 103.

## Die Wasserverteilung in der Stadt

Im Gegensatz zu manchen Stadtneugründungen in den Provinzen des Reiches mit geometrisch regelmäßiger Führung der Straßen und Versorgungsleitungen, ist die Hauptstadt Rom als ganzes vergleichsweise unorganisch gewachsen. Wie das Fernwasserleitungsnetz, so ist auch das Wasserverteilungssystem innerhalb der Stadt der Bevölkerungsentwicklung, den politischen Gegebenheiten und der wirtschaftlichen Situation entsprechend im Laufe der Jahrhunderte immer wieder erweitert, verbessert, verändert und repariert worden. Ein von vornherein wohldurchdachtes, konsequent durchgeführtes Muster von Planung, Bau und Unterhaltung der Wasserverteilung ist nicht erkennbar.

Grundsätzlich läßt sich sagen, daß die Fernwasserleitungen zunächst zu den Hügeln im Stadtbereich führten. Von hier aus versorgten sie dann die niedriger gelegenen Stadtteile, oft endend in Thermen (Agrippa, Trajan, Caracalla, Diocletian), Nymphäen (Julia) oder Naumachien (Augustus). Insgesamt erhielten im 4. Jahrhundert n.Chr. 11 Thermen, 15 Nymphäen, 5 Naumachien, etwa 850 kleinere Bäder sowie rund 1350 öffentliche Brunnen (fast 1 Brunnen je ha Stadtfläche) Trink- und Brauchwasser.

Die Wasserverteilung in der Stadt erfolgte durch unterirdisch verlegte Blei- oder Tonrohrleitungen, die aus den Fernwasserleitungen (bzw. aus deren Verzweigungen) direkt, aus Stadtverteilern (Castella 1. Ordnung) oder aus untergeordneten Verteilungsbecken 2. Ordnung versorgt wurden. Die Endabgabestellen waren öffentliche Wasserbecken oder Brunnen (Straßenbrunnen), aus denen die Bevölkerung Wasser ohne

Einschränkung und ohne Bezahlung schöpfen konnte. Es gehörte zu den Pflichten der Kuratoren, dafür Sorge zu tragen: "... daß die öffentlichen Brunnen möglichst ohne Unterbrechung bei Tag und Nacht ihr Wasser zum Nutzen des Volkes fließen lassen ..." (Frontinus).

## Die Abwasserleitungen Roms

Wie in den frühen Entwicklungsstadien vieler anderer großer Städte, so gelangten auch in Rom alle flüssigen und festen Abfälle zunächst über die die Stadt durchfließenden natürlichen Wasserläufe in den nächsten Vorfluter (den Tiber). Diese Art der Abfallbeseitigung mußte unter den örtlich gegebenen klimatischen Bedingungen zeitweise versagen, da die Gewässer in den Sommermonaten oft trocken fielen und auch der Tiber selbst nur wenig Wasser führte. Die unreine Luft in Rom wurde oft beklagt, und es bestand immer die Gefahr des Ausbruchs von Epidemien. Erst als ein unterirdisches Kanalsystem ausgebaut war, das laufend mit Überschußwasser aus den Fernwasserleitungen gespült werden konnte, verbesserten sich die Verhältnisse grundlegend. Frontinus schreibt dazu: "Nicht einmal das Überlaufwasser ist unnütz. Die Ursachen des ungesunden Klimas werden fortgespült, der Anblick der Straßen ist sauber, reiner die Atemluft, beseitigt ist die Atmosphäre, die bei unseren Vorfahren der Stadt immer schlechten Ruf eintrug."

Vorläufer der Kanalisation waren die Entwässerungskanäle der tiefliegenden, zur Versumpfung neigenden Stadtgebiete. So wurden z.B. das Forumsgelände und das anschließende Velabrum durch die spätere Cloaca Maxima entwässert. Sie war zunächst nur ein offener Graben, wurde aber schon um 500 v.Chr. vollständig ausgemauert, überwölbt und unter die Erde verlegt (Abb. 7).

Die bis zum 1. Jahrhundert n.Chr. als Hauptsammler fest ausgebauten und unter die Erde verlegten Entwässerungskanäle wurden später durch immer neue Abwasserzweigleitungen erweitert und durch Spülung mit Überschußwasser aus den Fernleitungen (mit gleichzeitiger Straßenreinigung) funktionsfähig gehalten. Mit dem Anschluß der meisten Wohnquartiere und aller öffentlichen Bedürfnisanstalten, hatte sich Rom ein Abwassersystem geschaffen, das in seiner zweckmäßigen Anlage, seiner baulichen Ausführung und seiner betrieblichen Effizienz für die damalige Zeit vorbildlich war. Nach dem Untergang des römischen Reiches vergingen 1 1/2 Jahrtausende, ehe die Bedeutung der Hygiene wieder erkannt wurde und bis auch die großen Städte der Neuzeit ausreichende Abwassernetze erhielten.

## Schlußbemerkung

Die Tatsache, daß die Weltstadt Rom bis in die Spätantike hinein zuverlässig und reichlich mit Wasser versorgt wurde, zeugt von einer außerordentlichen Kompetenz der planenden und bauausführenden römischen Baumeister wie auch von der effizienten Arbeit der dem Curator unterstehenden technischen Verwaltung. Höchste Achtung gebührt dieser Leistung vor allem auch deshalb, weil es in dieser Zeit technisch-wissenschaftliche Grundlagenkenntnisse (Statik, Hydraulik, Bodenmechanik) für den Bau der Wasserleitungen (Kanäle, Aquädukte, Druckleitungen, Sandfänge, Verteiler, Speicher) kaum gegeben hat und weil die technologischen Mittel der damaligen Zeit für die Ausführung der Bauten begrenzt waren. Die von Frontinus genannten und auch heute teilweise noch sichtbaren Baumängel (örtlich minderwertige Bausubstanz, Setzungen, Risse) und Betriebsschwierigkeiten (Undichtigkeiten, Sandablagerungen, Versinterungen usw.) vermindern diese hohe Einschätzung nicht, sind uns doch diese Beanstandungen aus Berichten über vergleichbare Anlagen aus dem 20. Jahrhundert nur zu vertraut.

Plinius (23 bis 79 n.Chr.) schreibt im 36. Buch (24) seiner NATURALIS HISTORIA über die Versorgung der Hauptstadt Rom mit Wasser: "... wenn man die große Menge Wasser an öffentlichen Orten, in Bädern, Fischteichen, Häusern, Kanälen, Gärten, den Gütern vor der Stadt, Landhäusern, dann die zu dessen Herleitung gebauten Bögen, durchgrabenen Berge und geebneten Täler mit Aufmerksamkeit betrachtet, so muß man gestehen, daß die ganze Welt kein größeres Wunderwerk aufzuweisen hat...". Diese Beurteilung eines durchaus als realistisch bekannten Zeitzeugen zeigt den hohen Stellenwert, der der Wasserwirtschaft und ihren Anlagen in der Antike beigemessen wurde. Heute, aus der Distanz von 2000 Jahren und ausgerüstet mit modernen wissenschaftlichen Kenntnissen und einer leistungsfähigen Bautechnologie, urteilt man vielleicht nicht mehr ganz so euphorisch wie der Augenzeuge Plinius. Was jedoch bleibt, sind Respekt und die Bewunderung der großen technisch-schöpferischen Leistungen römischer Baumeister.

## Weiterführende Literatur


Ashby, Th. — Aqueducts of Ancient Rome. Oxford 1935.

Fahlbusch, H. — Vergleich antiker griechischer und römischer Wasserversorgungsanlagen. Mitteilungen des Leichtweiß-Instituts für Wasserbau der Technischen Universität Braunschweig, Nr. 73, 1982.

Frontinus-Gesellschaft — Wasserversorgung im antiken Rom. München: Oldenbourg-Verlag 1983.

Garbrecht, G. — Die antiken Wasserleitungen Roms. Antike Welt, Heft 2, 1984.

Hainzmann, M. — Untersuchungen zur Geschichte und Verwaltung der stadt-römischen Wasserleitungen. Graz 1973.

Smith, N. — Mensch und Wasser. München: Udo Pfriemer Verlag 1978.

| Name der Fernwasser-leitung | gebaut | Länge (in km) etwa: gesamt | unter-irdisch | an der Erd-oberfläche | auf Brücken | Querschnitt (B x H in m) etwa: | Abgabehöhe (m ü. M.) | Quellgebiete |
|---|---|---|---|---|---|---|---|---|
| Appia | 312 | 17,6 | 16,8 | 0,8 | 0,09 | 0,69 x 1,68 | 20 | Quellen im Tal des Anio. Ausgezeichnete Qualität |
| Anio Vetus | 272 | 64 | 63,6 | 0,4 | – | 0,91 x 2,29 | 48 | Fluß Anio. Trübes Wasser, schlechte Qualität |
| Marcia | 144-140 | 91,2 | 80 | 0,8 | 10,4 | 1,52 x 2,59 | 59 | Quellen im Anio-Tal. Ausgezeichnete Qualität |
| Tepula | 126 | 18,4 | 8,4 | 0,8 | 9,2 | 0,76 x 1,07 | 61 | Vulkanische Quellen in den Albaner Bergen. Warmes Quellwasser |
| Julia | 33 | 22,8 | 12,4 | 0,8 | 9,6 | 0,61 x 1,52 | 65 | Quellen in den Albaner Bergen. Ausgezeichnetes kaltes Wasser |
| Virgo | 19-21 | 20,8 | 19,2 | 0,4 | 1,2 | 0,61 x 1,75 | 20 | Quellen im Anio-Tal |
| Alsietina | 10-2 | 32,8 | 32,4 | – | 0,4 | 1,75 x 2,59 | 17 | Lacus Alsietinus (Martignano-See). Trübes und untrinkbares Wasser, das für eine Naumachie, zur Straßenreinigung und Bewässerung benützt wurde |
| | n. Chr. | | | | | | | |
| Claudia | 38-52 | 68,8 | 53,6 | 1,2 | 14 | 0,91 x 1,98 | 67 | Quellen in der Nähe der Marcia-Quellen. Ausgezeichnetes Wasser |
| Anio Novus | 38-52 | 86,4 | 72,8 | 2,4 | 11,2 | 1,22 x 2,74 | 70 | Anio-Fluß oberhalb Subiaco. Trübes Wasser, schlechte Qualität |
| Trajana | 109-117 | 59,2 | 59,2 | – | – | 1,30 x 2,29 | 73 | Quellen in Nähe des Sabatiner-Sees. Qualität unbekannt |
| Alexandrina | 226 | 22,4 | 12,8 | 7,2 | 2,4 | – | – | Quellen am Sasso Bello |

Tabelle 1 Die Fernwasserleitungen Roms (nach Smith)

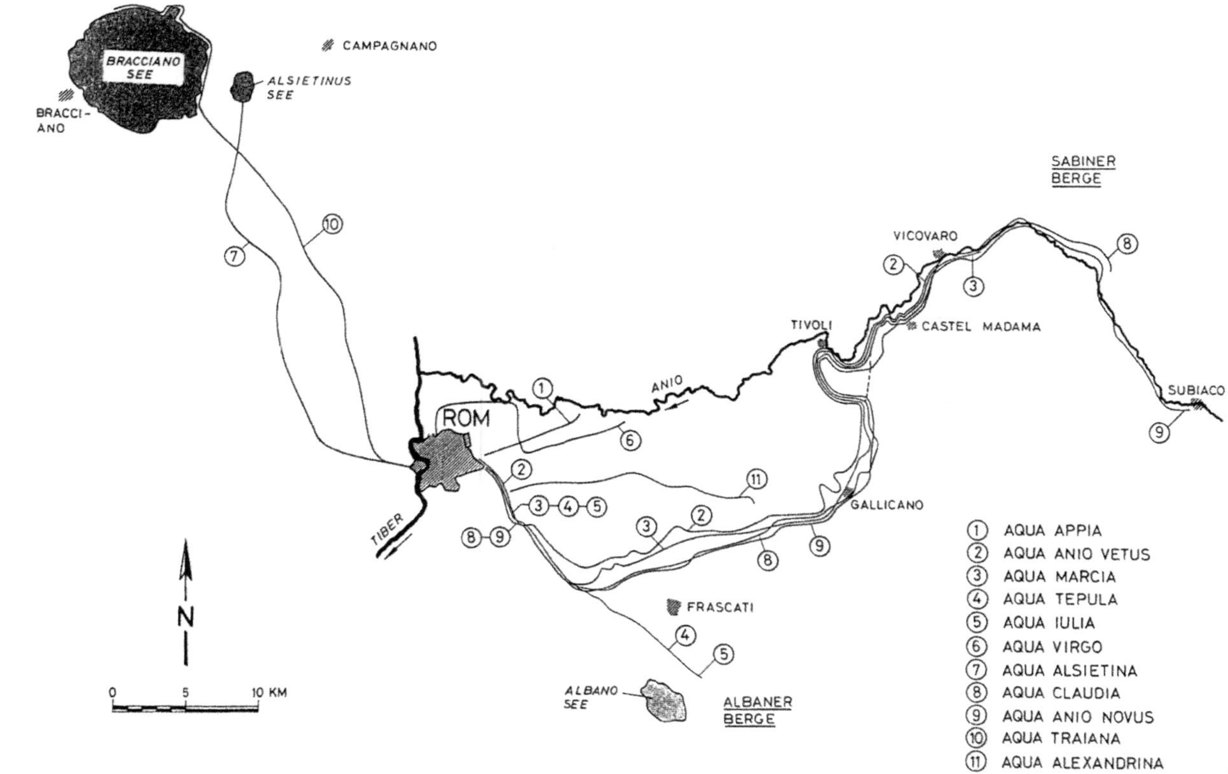


Abb. 1 Verlauf der elf Fernwasserleitungen des antiken Rom

Abb. 2 Relief (überhöht) der römischen Campagna und ihrer Umgebung

Abb. 3 Kreuzung der Aqua Claudia/Aqua Anio Novus mit dem älteren Dreifach-Aquädukt Aqua Marcia/Tepula/Julia vor den Toren Roms (Gemälde von Zeno Diemer)

Abb. 4 Aqua Marcia in der Nähe von Vicovaro

Abb. 5 Aquädukt der Aqua Claudia und der Aqua Anio Novus bei Roma Vecchia

Abb. 6 Aquädukt der Aqua Claudia und der Aqua Anio Novus bei Roma Vecchia

Abb. 7 Cloaca Maxima in Stadtbereich südöstlich des Kapitols

# Antike Druckleitungen

## Allgemeines

Für die großen Metropolen des Altertums sind Versorgungssysteme geplant und gebaut worden, die bei steigendem Bedarf schließlich das gesamte Wasserpotential der näheren und weiteren Umgebung ausnutzen mußten. So wurde z.B. Rom durch 11 Fernwasserleitungen mit Wasser versorgt, die sukzessiv in dem halben Jahrtausend zwischen 312 v.Chr. und 226 n.Chr. entstanden sind (vgl. vorhergehendes Kapitel: Rom). Die 10 großen Leitungen zum antiken Pergamon wurden zwischen 200 v.Chr. und 200 n.Chr. angelegt (vgl. Kapitel: Pergamon). Die längsten der geschichtlichen Kanäle waren die Leitung von Zaghouan nach Karthago (132 km) und die Aqua Marcia aus den Sabiner Bergen nach Rom (91 km).

Bei derart langen Zuleitungen ergab sich zwangsläufig immer wieder die Notwendigkeit, die Kanäle über Geländesenken oder querlaufende Täler zu führen. Dabei gibt es grundsätzlich die Möglichkeiten, die Täler entweder entlang der Höhenlinien in einer weiten Schleife auszufahren oder aber sie auf kürzestem Wege mit einer Brücke zu kreuzen. Entscheidend für die Wahl waren dabei die jeweiligen Kosten und die zwischen der Wasserquelle und der Stadt verfügbare Fallhöhe, die das Gefälle und damit die Abflußleistung der Leitung bestimmt.

Wenn der Geländeeinschnitt auf kürzestem Wege überquert werden mußte, bestanden wiederum die Alternativen, entweder einen Aquädukt zu bauen (vgl. folgendes Kapitel: Aquädukte) oder aber das Tal mit einer Druckleitung zu durchfahren. Die Entscheidung hing dabei von der Tiefe des Tales und von den Kosten der beiden baulichen Lösungen ab. Bei Taleinschnitten von mehr als 50 m Tiefe schieden Aquädukte aus statischen Gründen von vornherein aus.

Bei der Anlage von Druckleitungen konnten die Rohrstränge entweder entlang der Geländekonturen (Querschnitt des Tals) verlegt werden oder aber im Talgrund über einen Unterbau geführt werden. Ausschlaggebend für die Wahl waren auch hier wieder die Kosten, die ihrerseits von den spezifischen örtlichen Bedingungen abhingen. Auch die Druckhöhe (und damit das erforderliche Material für die Rohre: Ton, Stein oder Blei) wird eine Rolle gespielt haben.

## Besonderheiten des Abflusses unter Druck

Im Gegensatz zum problemlos beherrschbaren Freispiegelabfluß in den Kanälen der Aquädukte treten bei den Druckleitungen in Punkten der Richtungsänderung äußerlich nicht erkennbare hydrodynamische Phänomene auf, die den Bestand der Leitungen gefährden können und deren Existenz den griechischen und römischen Baumeistern aus bösen Erfahrungen bekannt war. So schreibt Vitruv darüber: "... Wenn aber in den Talniederungen ... ein Knie (besteht), dann wird das Wasser durchbrechen und die Verbindungsfugen der Röhren sprengen. An den Biegungen muß man an dem Knie selbst einen ... Block verlegen, der so durchbohrt ist, daß die letzte Röhre des absteigenden (Leitungs-)Teils in den Block genau eingefügt wird und ebenso die erste

Röhre des waagerechten Teils ... so wird der Verlauf der Röhren nicht von der Kraft des herabströmenden und des aufsteigenden Wassers hochgedrückt. Es pflegt nämlich ein so heftiger Luftdruck in der Wasserleitung zu entstehen, daß er sogar Steinblöcke zersprengt, wenn nicht zuerst langsam und spärlich von der Quellfassung her Wasser hineingelassen wird und die Leitung nicht an den Knien oder Biegungen durch Bänder oder Sandballast zusammengehalten wird..."

Diese Darstellung enthält grundsätzlich drei Aussagen:

1. Die Erfahrung: Die Rohre werden an Stellen einer Richtungsänderung zerstört bzw. hochgedrückt.
2. Die Erklärung: Ursache der Zerstörung sind der heftige Luftdruck und die Kraft des herab- und heraufsteigenden Wassers.
3. Die Gegenmaßnahme: Steinblöcke, Bänder, Sandballast (um die Leitung auf das Auflager zu drücken).

Wie wir heute wissen, ist die Erklärung für das Entstehen der zusätzlichen, großen Kräfte nicht zutreffend. Die Ursache der Schäden sind die (vor allem aus dem Druck resultierenden) quer zur Achse der Rohrleitung wirkenden Kräfte, und zwar nicht während des seltenen Vorgangs einer Rohrfüllung, sondern während des permanenten, normalen Betriebes. Die vorgeschlagenen Maßnahmen zur Sicherung der Leitungen an den Knickpunkten sind jedoch wirkungsvoll und vermögen Zerstörungen der Leitungen zu verhindern. Wie bei vielen anderen Beispielen, so zeigt sich auch hier, daß die Hydrotechnik des Altertums weniger auf einem korrekten Verstehen der beteiligten physikalischen Phänomene beruhte, sondern vielmehr auf Erfahrungen und auf daraus intuitiv gezogenen pragmatischen und im Prinzip richtigen Schlußfolgerungen.

In Pergamon lagen die für den Bestand der Druckleitung kritischen Punkte auf den beiden Zwischenhügeln des Sattels (Abb. S. 82 und Abb. 1), wo nach oben konvexe Krümmungen bzw. Knicke auftreten. Die hier quer zur Rohrachse auftretenden, nach oben gerichteten Kräfte, wurden, wie 150 Jahre später von Vitruv gefordert, durch große Steinblöcke aufgenommen (Abb. 2). Es sei am Rande angemerkt, daß auch im 20. Jahrhundert Druckleitungen im Prinzip immer noch auf die gleiche Art und Weise gesichert werden.

Neben Pergamon zählen vor allem die im folgenden dargestellten Druckleitungen zur Akropolis von Aspendos bzw. durch das Yzeron-Tal (Gierleitung nach Lyon) zu den hydrotechnischen Spitzenleistungen der Antike.

## Die Druckleitung auf die Akropolis von Aspendos

Grundsätzlich gibt es außer der Aufnahme der Querkräfte durch große Gewichte (Steinblöcke) noch eine andere Möglichkeit, die Leitung zu sichern, nämlich die der Eliminierung der Querkräfte durch Aufheben des Druckes. Das wiederum ist nur möglich durch ein Anheben der Leitung bis auf die Höhe der Drucklinie (Herstellung eines freien Wasserspiegels im Abflußverlauf). Anscheinend ist eine derartige Lösung von den römischen Baumeistern bei der kaiserzeitlichen Wasserleitung nach Aspendos (türkische Südküste) versucht worden.

Ähnlich wie bei Pergamon, jedoch in den Dimensionen kleiner, liegt hier zwischen den Berghängen und der 30 m hohen Akropolis eine etwa

1.5 km breite Ebene (Abb. 3). Am wirtschaftlichsten für die Überführung der Leitung aus den Bergen auf die Akropolis erschien hier der Bau einer Steinrohrdruckleitung auf einem rund 10 m hohen Unterbau (Abb. 4) in einer zweimal geknickten Trasse.

An den 12°- bzw. 52°-Knicken der Leitung bestand dabei die aus der Erfahrung bekannte Gefahr von Zerstörungen, wie Vitruv sie beschrieben hat. Nach damaligem Verständnis der dynamischen Phänomene wollte man wohl den Luftdruck an diesen Stellen durch eine Entlüftung aufheben. Das erfolgte durch die Anordnung von Becken mit freiem Wasserspiegel auf sog. hydraulischen Türmen (Abb. 3, 5), deren Höhe der der Drucklinie entsprach. Die Drucklinie der Strömung in einer geschlossenen Leitung kennzeichnet die Höhe, bis zu der das Wasser an der jeweiligen Stelle in einem vertikalen Rohr aufsteigen (hochgedrückt werden) könnte. Die erwartete Wirkung trat ein, wie wir heute wissen jedoch nicht durch die Entlüftung, sondern durch Eliminierung des Wasserdrucks (freier Wasserspiegel und damit normaler, atmosphärischer Druck in den Becken).

Ein zweites, jedoch weniger gut erhaltenes Beispiel eines hydraulischen Turms ist aus der Yzeron-Leitung nach Lyon bekannt. Von diesem ehemals rund 20 m hohen Turm sind heute nur noch zwei etwa 12 m hohe Pfeiler (Les Tourillons de Capronne) und Teile der Fundamente erhalten. Er erhob sich auf dem Zwischenhügel La Tourette im Verlauf der rund 6 km langen Druckleitung auf dem Plateau vor Capronne und dürfte, da die Trasse hier weitgehend geradlinig verläuft, vor allem der Entlüftung gedient haben.

## Die Überquerung des Yzeron-Tales im Verlauf der Gier-Leitung nach Lyon

Lyon, das römische Lugdunum, wurde 43 v.Chr. gegründet und nach rascher Entwicklung nur 30 Jahre später von Augustus zum kultischen Zentrum der drei Teile Galliens erhoben. Die Stadt wurde nach dem Vorbild Roms mit großen Prachtbauwerken ausgestattet und reichlich mit Wasser versorgt. Insgesamt wurden 4 große Kanalleitungen (Mont d'Or, Brévenne, Yzeron, Gier) mit zusammen mehr als 200 km Länge angelegt, mehr als für jede andere große Stadt im Römischen Reich, mit Ausnahme der Hauptstadt Rom selbst. Die größte dieser Leitungen ist die wahrscheinlich in der Mitte des ersten nachchristlichen Jahrhunderts im Tal der Gier angelegte Leitung, die auf 85 km Länge 4 Druckleitungen, 8 Tunnel und etwa 35 kleinere Kanalbrücken einschließt. Der Kanal der Gierleitung ist 1.30 m hoch, 0.60 m breit und wurde bei im Mittel 0.70 m Wassertiefe mit Q = 290 l/s durchflossen.

Für die Überquerung des Yzeron-Tales (Abb. 6) wurde dieser Abfluß auf 12 Bleirohre aufgeteilt, die auf Rampen und auf einem Unterbau verliefen. Sie besaßen zusammen den gleichen Durchflußquerschnitt wie der Kanal bei 0.70 m Abflußtiefe. Die Hauptdaten dieses Überganges sind:

| | |
|---|---|
| Rampenbreite | 5.80 m (Abb. 7, 8) |
| Rohrdurchmesser außen | 27 cm |
| Rohrdurchmesser innen | 21 cm |
| Rohrlänge | 2600 m |
| Größter Innendruck | 123 m WS (12.3 bar) |

| | |
|---|---|
| Druckhöhe (Energieverlust) | 9.2 m |
| Abfluß | 312 l/s |

Die Rohre, die nach der Normenliste des Frontinus der Centenaria (Querschnitt 100 Digiti) entsprachen, erforderten zusammen eine Bleimenge von rund 9000 t. Sie vermochten bei der gegebenen Druckhöhe von 9.20 m rund 300 l/s zu leisten, eine Wasserführung, die dem Abfluß des Zulaufkanals erstaunlich genau entspricht. Der 270 m lange und 17 m hohe Unterbau der Rohre im Talgrund besaß insgesamt 30 Bögen (Abb. 9).

Das Bauwerk zur Durchfahrung des Yzeron-Tales bei Beaunant mit seiner technisch und hydraulisch ausgereiften Planung und Bemessung sowie dem hohen Standard der handwerklichen Ausführung zählt zu den eindrucksvollsten hydrotechnischen Anlagen der römischen Welt.

## Weiterführende Literatur

| | |
|---|---|
| Burdy, J. | L'araire. Les aqueducs romains de Lyon; Bulletin Nr. 66, automne 1986. |
| Garbrecht, G. | Wasser. Vorrat, Bedarf und Nutzung in Geschichte und Gegenwart. München: Deutsches Museum 1985. |
| Hodge, A.T. | Siphons in Roman Aqueducts. Scientific American, June 1985. |
| Vitruv | 10 Bücher über die Architektur. Deutsch von C. Fensterbusch. Darmstadt: Wiss. Buchgesellschaft 1964. |

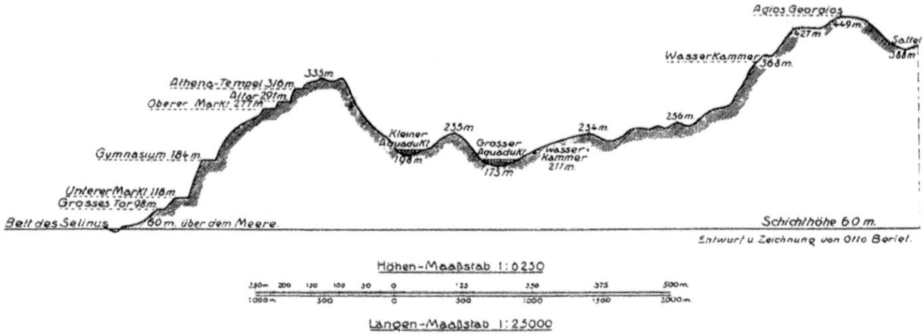


Abb. 1 Schnitt durch den Sattel nördlich des Burgberges Pergamon (Trasse der Druckleitung)

Abb. 2 Durchbohrter Felsblock, mit dem die Druckleitung zum Burgberg auf der Kuppe des zweiten Zwischenhügels im Sattel (Abb. S. 82, Abb. 1) fixiert wurde

Abb. 3 Blick von der Akropolis Aspendos über die 1.5 km breite Senke auf die nördlich anschließenden Berge (Taurus)

Abb. 4 Druckleitung von Aspendos, Unterbau zwischen den beiden hydraulischen Türmen (Abb. 3, Bildmitte)

Abb. 5 Nördlicher hydraulischer Turm (vgl. Abb. 3 im Hintergrund) an der 12°-Knickstelle der Leitung

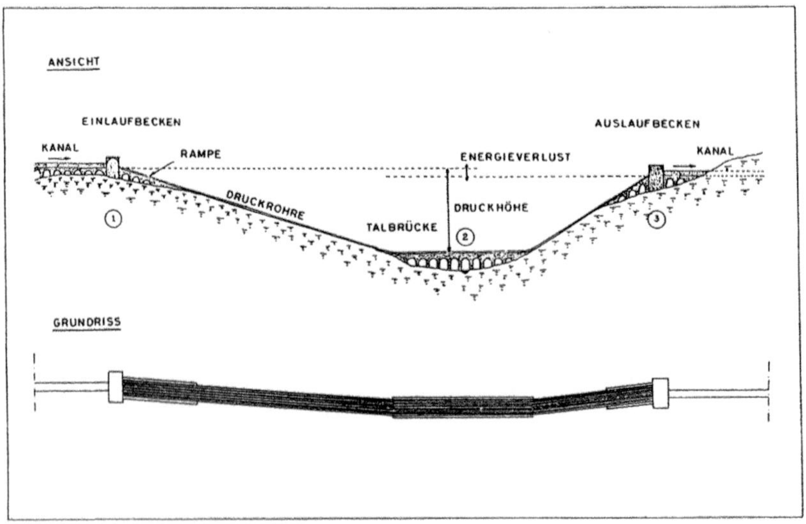


Abb. 6 Prinzipskizze der Überquerung des Yzeron-Tales durch die Gierleitung

Abb. 7 Rekonstruktion der Zuleitung, des überwölbten Verteilerbeckens und der absteigenden Rampe (vgl. Abb. 6) der Druckleitung durch das Yzeron-Tal (die tatsächliche Zahl der Druckrohre betrug 12, nicht 9 wie auf der Skizze eingezeichnet)

Abb. 8 Heutiger Zustand der absteigenden Rampe (vgl. Abb. 6, 7)

Abb. 9 Unterbau der Druckleitung im Yzeron-Tal bei Beaunant. Stich aus dem Jahr 1822.

# Römische Aquädukte

## Allgemeines

Auf dem Gebiet der Hydrotechnik waren zur Zeit des Aufstiegs Roms zur Weltmacht alle technischen Grundelemente und die Möglichkeiten ihres zweckmäßigen Einsatzes bekannt. Trotzdem sind die römischen Wasserversorgungsanlagen keine Nachahmung älterer Vorbilder. Kühle Analyse der Probleme, die bei der Wasserversorgung großer Städte auftreten, folgerichtige Anwendung und ständige Verbesserung der Bautechnologie sowie die Einführung des Rundbogens und später des Backsteinbaus in den Wasserbau (all das auf der Grundlage der großen wirtschaftlichen Kraft des Reiches) führten zum Bau und zum erfolgreichen Betrieb von Wasserversorgungssystemen, wie sie in bezug auf Abmessungen, technische Qualität und betriebliche Effizienz bis dahin nicht bekannt waren und sie (insbesondere in hygienisch-gesundheitlicher Hinsicht) auch nachher bis hin ins 19. Jahrhundert nur selten wieder gebaut wurden.

Vor allem die Aquädukte (Kanalbrücken) gehören zu den eindrucksvollsten Bauwerken nicht nur der Hydrotechnik, sondern der römischen Baukunst überhaupt. Es gibt nur wenige profane Bauwerke aus der Antike, in denen die technisch-rationale Zweckmäßigkeit in der Planung und beim Bau so harmonisch mit ästhetischer Formvollendung und zeitloser Würde zusammenfließen wie bei den Aquädukten. Nicht ohne Grund sind gerade die Aquädukte zu einem Synonym für klassische römische Architektur geworden. Es gibt in der Baugeschichte dieser

Jahrhunderte nur wenige Anlagen, in denen das Typische der römischen Architektur ebenso klar zum Ausdruck kommt, wie auch das Bestreben und Vermögen der römischen Baumeister, die Natur, wenn notwendig, den eigenen Ansprüchen entsprechend zu korrigieren. Der im allgemeinen sehr zurückhaltend formulierende Frontinus schreibt zu den Wasserleitungen und insbesondere zu den Aquädukten, daß sie "ein besonderes Zeichen der Macht des römischen Imperiums" wären.

Herausragende Beispiele der römischen Aquädukt-Baukunst sind u.a. die Arkaden der Aqua Claudia/Aqua Anio Novus in der Campagna vor den Toren Roms, der Pont du Gard im Verlauf der Wasserleitung nach Nîmes und der Aquädukt von Segovia.

## Rom

Auf den Aquädukt der Doppelleitung Aqua Claudia/Aqua Anio Novus ist bereits im Abschnitt "Die Wasserversorgung des antiken Rom" eingegangen worden.

So, wie diese Bauwerke in der römischen Campagna vor den Toren der Stadt landschaftsbeherrschend waren, haben sie auch das eigentliche Stadtbild Roms mitgeprägt. Abb. 1 zeigt z.B. den Arcus Neroniani, eine Fortsetzung der Aqua Claudia, im Zentrum der Stadt. Die Leitung führt südlich am Tempel des Claudius und am Kolosseum vorbei, überquert die via Triumphalis und erreicht schließlich (links im Bild) die kaiserlichen Paläste auf dem Palatin.

Von den antiken Aquädukten im Stadtgebiet Roms am besten erhalten ist der Übergang der Aqua Claudia/Aqua Anio Novus über die antike via Labicana und die via Praenestina (Abb. 2). Der von Kaiser Claudius 52 n.Chr. erbaute, eindrucksvoll ausgestaltete Doppelbogen (Öffnungen 14 m hoch, 6.35 m weit), der später dann in die Aurelianische Stadtmauer (270-282) einbezogen wurde, hat auch heute, nach fast 2000 Jahren, nichts von seiner repräsentativen Wirkung eingebüßt. Die mit Travertinplatten verkleidete Attika ist in drei Felder aufgegliedert, in denen die Aqua Anio Novus (oben) und die Aqua Claudia (Mitte) auf einer Basis (unten) verlaufen. Das obere Feld wird von der Bauinschrift des Claudius aus dem Jahre 52 eingenommen (Abb. 3), die beiden anderen Felder künden von grundlegenden Reparaturen der beiden Leitungen unter Vespasian (71 n.Chr.) und Titus (81 n.Chr.).

## Der Pont du Gard

Das heute in Frankreich nach dem Eiffelturm am häufigsten besuchte Touristenziel ist der "Pont du Gard" im Verlauf der einzigen großen Wasserzuleitung nach Nîmes, dem römischen Nemausus (16 v.Chr. von Augustus zur römischen Kolonie erhoben). Der Bau der Wasserleitung geht wahrscheinlich auf eine Anordnung Agrippas, des engen Freundes und Schwiegersohns des Augustus, zurück. Bei einer Lauflänge von 50 km führt der Kanal die Schüttung der starken Karstquelle Eure bei Uzés (im Mittel etwa 250 l/s) in die Stadt. Der tief eingeschnittene Lauf des Gard du Gardon wurde dabei mit einem Aquädukt überquert, der zu den schönsten Bauwerken seiner Art zählt (Abb. 4).

Die Hauptdaten des Pont du Gard sind:

| | |
|---|---|
| Länge (obere Bogenreihe) | 275 m |
| Größte Höhe | 49 m |
| Bogenreihen | 3 |
| Jeweilige Querschnittsbreiten | 6.36 m (unten) |
| | 4.56 m (Mitte) |
| | 3.06 m (oben) |
| Spannweiten | 24.50/19.20/15.50 m |
| | (untere und mittlere Bogenreihe) |
| | 4.80 m |
| | (obere Bogenreihe) |
| Kanalbreite | 1.30 m |
| Kanalhöhe | 1.65 m |

Das gesamte Bauwerk ist ohne Mörtel und ohne Metallklammern aus sauber zugearbeiteten Kalksteinblöcken (Muschelkalk, max. Blockvolumen 2 $m^3$) errichtet worden. Sein Grundriß ist nicht gerade, sondern stromaufwärts leicht gewölbt. Während Bögen in den Bauten aus römischer Zeit im allgemeinen aus alternierend gefugten (miteinander verzahnten) Wölbesteinen errichtet wurden, bestehen die Gewölbe des Pont du Gard aus mehreren nebeneinanderliegenden, nur gering verzahnten Bögen (vier im unteren Stockwerk, drei im zweiten), die 1.55 m bis 1.60 m dick und 1.52 m bis 1.60 m breit sind. Erstaunlich ist, daß nur wenige durchgehende Steine das Trockenmauerwerk verklammern. Eine schlüssige Erklärung für diese Bauweise, die ja im Prinzip der Festigkeit der Bausubstanz nicht förderlich ist, gibt es bisher nicht. Es wird vermutet, daß man durch diese Technik die sonst erforderlichen breiten Bogengerüste einsparen wollte.

Da das Wasser der Quelle Eure stark kalkhaltig ist, haben sich überall in dem 50 km langen Kanal Sinterablagerungen gebildet (Abb. 5), die die Leistungsfähigkeit der Leitung im Verlauf der Zeit immer stärker beeinträchtigt haben. Aus den Schichtungen des Sinters (vergleichbar den Jahresringen von Bäumen) konnte abgeleitet werden, daß die Wasserleitung nach Nîmes über einen Zeitraum von 460 bis 470 Jahren in Betrieb war.

## Segovia

Vermittelt der Pont du Gard neben seiner architektonischen Harmonie und Schönheit auch den Eindruck von Standfestigkeit und Robustheit, so besticht bei dem großen Aquädukt am Ende der 16 km langen Wasserleitung aus der Sierra Guadarrama (Rio de la Acebeda) nach Segovia das zarte Formenspiel der Pfeiler und Bögen, das man fast, wenn dieser Ausdruck bei einer Kanalbrücke erlaubt ist, filigranhaft nennen könnte (Abb. 6, 7). Der Aquädukt ist das mit Abstand grazilste Bauwerk dieser Art in der römischen Welt. Das ist vor allem auch deshalb so bewundernswert, weil dieser kühne Bau, ebenso wie der kompaktere Pont du Gard, ohne Verwendung von Mörtel als Trockenmauerwerk aus Granitblöcken errichtet wurde.

Die Hauptdaten des Bauwerks sind:

| | | |
|---|---|---|
| Länge | | 818 m |
| Größte Höhe | | 28 m |
| Zahl der Bögen: | einstöckig | 77 |
| | zweistöckig | 42 |

An der höchsten Stelle der Brücke war über dem untersten Stockwerk eine Bauinschrift angebracht, darüber eine Nische für eine Statue (Abb. 7), die sicher im Zusammenhang mit der Inschrift stand. Die Metallbuchstaben der Inschrift sind nicht mehr vorhanden. Es war jedoch nach den je rund 200 Dübellöchern auf beiden Seiten des Bauwerks möglich, die Inschrift zu rekonstruieren. Sie sagt aus, daß der Aquädukt im Jahr 98 n.Chr. auf Befehl des Kaisers Trajan wiederhergestellt worden war. Das Bauwerk ist also älteren Datums. Wenn auch ein exakter Nachweis nicht geführt werden kann, so deutet jedoch alles darauf hin, daß der eigentliche Bau rund ein Jahrzehnt früher unter Kaiser Domitian (81-96 n.Chr.) erfolgte.

## Standfestigkeit der Aquädukte

Die dritte Forderung, die, neben der nach technischer Zweckmäßigkeit und architektonischer Schönheit, an markante Schlüsselbauwerke der hydrotechnischen Infrastruktur zu stellen ist, ist die der Standfestigkeit. Hier liegt nun ein Schwachpunkt des Bautyps "Aquädukt", der immer wieder zu Gefährdungen des Betriebs infolge von Rissen, Schäden und sogar Einstürzen führte. Diese Schwäche war nicht auf mangelndes Wissen oder Können der römischen Baumeister zurückzuführen, sondern war bedingt durch die Geometrie der Bauwerke, war also systemimmanent:

(a) Bei den oft langen Aquädukten war der Untergrund, in den die Pfeiler gegründet werden mußten, entlang der Bauwerkstrasse naturgemäß unterschiedlich, oft auf kurzer Distanz stark wechselnd. Damit kam es zwangsläufig zu unterschiedlichen Setzungen der einzelnen Pfeiler mit der Folge von Rißbildungen und Undichtigkeiten oder sogar dem Einsturz einzelner Bögen.

(b) Gefährlich für die Standsicherheit der Aquädukte war jedoch vor allem die Tatsache, daß sie bei nur geringer Breite vergleichsweise hoch waren. Derartige scheibenartige Bauwerke sind naturgemäß sehr empfindlich gegen quer zur Bauwerksachse wirkende Kräfte. Beanspruchungen dieser Art sind vor allem bei Erdbeben zu erwarten, wie sie im tektonisch nicht sehr stabilen Mittelmeerraum nicht selten sind. Allein aus der Zeit von Augustus bis Commodus, also während der ersten 200 Jahre unserer Zeitrechnung, sind im römischen Reich 10 Erdbeben belegt, die örtlich zu größeren Bauwerksschäden geführt haben. So sind dem großen Smyrna-Beben von 178 n.Chr. wahrscheinlich alle höheren Aquädukte der Fernwasserleitungen nach Pergamon zum Opfer gefallen (siehe Kapitel: Pergamon).

Nachträgliche Baumaßnahmen zur Stabilisierung gefährdeter Aquädukte (Strebepfeiler, Bogenverstärkungen, Ausmauerungen) legen vielerorts noch heute Zeugnis von den Bemühungen römischer Baumeister ab, den Bestand der für das Leben in den Städten so wichtigen Wasserversorgungsanlagen zu sichern (vgl. Abb. 8).

## Weiterführende Literatur

Casado, C.F. — Acuaductos Romanos en España. Madrid 1972.

| | |
|---|---|
| Espérandieu, E. | Le Pont du Gard et l'Aqueduc de Nîmes. Petites Monographies des Grands Edifices de la France. Paris 1957. |
| Garbrecht, G. | Die antiken Wasserleitungen Roms; Antike Welt, Heft 2, 1984. |
| Garbrecht, G. | Wasser. Vorrat, Bedarf und Nutzung in Geschichte und Gegenwart. München: Deutsches Museum 1985. |
| Grewe, K. | Planung und Trassierung römischer Wasserleitungen. Schriftenreihe der Frontinus-Gesellschaft, Suppl. Bd. I. Wiesbaden 1985. |
| Joosten, H. | Ein Bauwerk gibt sein Alter preis. FAZ, 02.12.1992. |
| Henney, K.A. | Wasserversorgung im Imperium Romanum als Beispiel antiker Ingenieurkunst. Die Technikgeschichte als Vorbild moderner Technik. Essen 1976. |
| Kek, D. | Der römische Aquädukt als Bautypus und Repräsentationsarchitektur. Dissertation, Universität Tübingen, 1994. |
| Matthews, K.D. | Roman Aqueducts - Technical Aspects of their Construction. Expedition 13, No. 1, 1970. |
| Tölle-Kastenbein, R. | Antike Wasserkultur. München: Verlag C.H. Beck 1990. |
| Tschira, A. | Zur römischen Wasserleitung nach Nîmes. Archäologischer Anzeiger 63/64, 1948/49. |

Abb. 1 Die zum Palatin (linke Bildseite) führende Aqua Claudia (Arcus Neroniani). Das Modell zeigt die Situation etwa zur Zeit Konstantins (306-337)

Abb. 2 Überquerung der via Labicana und der via Praenestina durch die Aqua Claudia und die Aqua Anio Novus (heute "Porta Maggiore")

Abb. 3 Inschriften auf der Attika des Doppelbogens, über die via Labicana/Praenestina (Piranesi, 1720-1778)

Abb. 4 Der Pont du Gard im Verlauf der 50 km langen Fernwasserleitung nach Nîmes (Überquerung des Flusses Gard du Gardon)

Abb. 5 Sinterablagerungen im Kanal auf dem Pont du Gard

Abb. 6 Der 818 m lange Aquädukt von Segovia (Spanien)

Abb. 7 Mittelteil des Aquädukts von Segovia mit der Fläche für die Bauinschrift und der Statuennische

Abb. 8 Spätere Verstärkungen (Ziegelmauerwerk) der Aqua Claudia/Anio Novus (Bruchsteinmauerwerk) bei Roma Vecchia in der römischen Campagna

# Schutzbauten für den Hafen von Seleukeia Piera

## Allgemeines

Die Stadt Seleukeia Piera, nahe der Mündung des Orontes, wurde von dem syrischen König Selefkus I. Nicator (358-280 v.Chr.) als Hafenstadt des rund 20 km von der Küste entfernt liegenden Antiochia (heute Antakya) gegründet. Sie liegt beim heutigen Ort Çevlik, nahe dem Fuß des Moses-Berges (Musa Dağ), der im Mittelpunkt von Werfels berühmtem Roman *Die 40 Tage des Musa Dağ* steht. Die Stadt war von 245 bis 219 v.Chr. vorübergehend in ptolemäischem Besitz und entwickelte sich dann in römischer Zeit zu einem wichtigen Flottenstützpunkt im östlichen Mittelmeer. Die Stadt, die in ihrer Blütezeit 30.000 Einwohner zählte, und das geschichtliche Hafenbecken waren von einer starken, einst 12.5 km langen Mauer umgeben (Abb. 1). Zu den bekanntesten Ruinen im Stadtbereich gehören zwei Tempel (in dorischem bzw. ionischem Stil) und das große Markttor mit seinen beiden flankierenden Türmen.

Das in der schmalen Küstenebene am Fuß der steil ansteigenden Berge gelegene Hafenbecken wurde von einem Wildbach durchflossen, der an den südlichen Hängen des Musa Dağ entspringt. Durch das im Sommer und Herbst trockenliegende Flußbett fließen in den Winter- und Frühjahrsmonaten oft beträchtliche Hochwassermengen ab, die Spitzenwerte von 73 $m^3/s$ (10jähriges Wiederkehrintervall) bis 135 $m^3/s$ (100-jähriges Wiederkehrintervall) erreichen können [ALK 88]. Wegen des starken Gefälles vermögen diese Hochwasser große Mengen von Sand,

Kies und Geröll zu transportieren, die sich dann beim Eintritt in die Ebene (in die Stadt und in das Hafenbecken) ablagern. Damit wurde die Funktionsfähigkeit des Hafens, einer wichtigen wirtschaftlichen Grundlage für den Bestand der Stadt, zunehmend beeinträchtigt. Des weiteren werden größere Hochwasser immer wieder zu Zerstörungen im Stadtgebiet geführt haben.

Zum Hochwasserschutz der Stadt und vor allem zur Abwendung der Verlandungsgefahr für den Hafen wurden gegen Ende des 1. Jahrh. n.Chr. folgende Maßnahmen ergriffen (Abb. 1):

1. Abschluß des Tales durch eine Talsperre vor den Toren der Stadt,
2. Umleitung des Wildbach-Abflusses durch einen mehr als 800 m langen Durchstich (Tunnel und Felskanal) durch einen westlich an die Stadt angrenzenden, bis ans Meer reichenden Felsrücken.

Eine Inschrift an der rechten Felswand vor dem Tunneleinlauf (Abb. 2) weist aus, daß die Bauten unter Vespasian (69-79 n.Chr.) und Titus (79-81 n.Chr.) unternommen wurden. Abgeschlossen wurden die Arbeiten jedoch anscheinend erst im 2. Jahrh. n.Chr. [AYG 85].

## Die Talsperre

Die zur Umleitung des Wildbaches vor dessen Eintritt in die Stadt errichtete Talsperre hat folgende Abmessungen [GAR 91]:

| | |
|---|---|
| Gesamtlänge | 175 m |
| Davon eigentliche Sperrmauer | 49 m |

| | |
|---|---|
| Davon nordöstlich anschließender Flügeldeich | 126 m |
| Größte Höhe | 16 m |
| Kronenbreite | 5 m |
| Sperrenkrone | 44.30 m NN |
| First des Umleitungstunnels (Abb. 2) | 43.45 m NN |

Die auf der Luftseite auf 16 m Höhe frei stehende Sperre ist auf der Wasserseite 12 m hoch verlandet. Sie ist im Querschnitt rechteckig (auf der Luftseite zweimal leicht abgetreppt) und besteht aus zwei Schalen aus Kalksteinquadern unterschiedlicher Form und Größe sowie einem Kern aus römischem Beton (opus caementitium). Die Blöcke sind auf der Luftseite der Sperre nur wenig bearbeitet, auf der Wasserseite (Quader bis zu 0.50 x 0.50 x 0.50 m groß) dagegen sauber zugeschlagen und korrekt gesetzt (Abb. 3).

Bei nur 5 m Kronenbreite ist die Staumauer, trotz der luftseitigen Abtreppungen, bei voller Belastung (Erddruck, Wasserstand bis zur Krone) an sich nicht standfest, wenn von den statischen Bedingungen einer reinen Gewichtsmauer ausgegangen wird. Daß sie trotzdem unzerstört bis heute erhalten geblieben ist, dürfte darauf zurückzuführen sein, daß die max. Höhe von 15 bis 16 m nur auf 15 m Breite (von insgesamt 49 m) erreicht wird und dann nach beiden Seiten schnell abnimmt. Die gute Einbindung in die anschließenden Felsflanken und die resultierende Keilwirkung hat, zusätzlich zum Sperrengewicht, die Standsicherheit des Bauwerkes gesichert.

Die Mauerkrone liegt 0.85 m über dem First des 55 m weiter flußab beginnenden Tunnels. Eine Wasserumleitung bis zur maximalen Leistungsfähigkeit des Tunnels (etwa 70 $m^3/s$ [AYG 85]) war also möglich. Eine Wasserführung dieser Größe wird im Durchschnitt alle 10 Jahre erreicht und überschritten. Da eine Hochwasserentlastungsanlage zur Abführung von den 70 bis 80 $m^3/s$ übersteigenden Wassermengen weder an der Sperrmauer noch im Bereich des Flügeldeiches erkennbar ist, muß die Frage offen bleiben, wie dieser Abfluß erfolgte. Sicher hat man beim damaligen Kenntnisstand in der Hydraulik und Hydrologie nicht vermocht, die Leistungsfähigkeit des Tunnels und die Wasserführung des Baches bei extremen Hochwassern aufeinander abzustimmen. Es ist daher wohl davon auszugehen, daß man nach der Erfahrung des ersten Überströmens der Mauerkrone (und der damit verbundenen Gefährdung der Standsicherheit durch Kolkerscheinungen) in dem nach NO flach auslaufenden Flügeldamm der Sperre einen Durchlaß oder Überlauf (oder eine Sollbruchstelle?) eingerichtet hat, der heute nicht mehr existiert.

Die Talsperre von Seleukeia entspricht in ihrer Bauart völlig den ebenfalls während der römischen Kaiserzeit in Kleinasien errichteten Staumauern Aezani, Böget und Örükaya [GAR 91]. Frappierend ist dabei die Ähnlichkeit mit der völlig verlandeten Sperre Örükaya, die bei 16 m Höhe, 5 m Breite und 40 m Kronenlänge ebenfalls nur infolge der Verkeilung in die felsigen Talflanken bis heute standfest geblieben ist.

## Die Umleitung

Der Tunnel (Abb. 1, 2) ist, vom Einlauf her gesehen, zunächst auf 50 m Länge 7 m breit und 7 m hoch. Dann wurde auf weiteren 50 m

Länge anscheinend eine natürliche Felsspalte erweitert, denn die Tunneldecke weicht zurück und erreicht an einer Stelle die 80 m höher liegende Geländeoberfläche. Auf den letzten 30 m Länge ist der Tunnel dann mit den Maßen 9 x 9 m wieder etwa quadratisch. Der anschließende 700 m lange Felskanal ist mit (unregelmäßigen) mittleren Breiten von 7 m bis zu 10 m aus dem anstehenden Felsen herausgearbeitet (Abb. 4).

Unterschiede in der Bearbeitungstechnik der Tunnelwände lassen vermuten, daß insgesamt drei Arbeitsgruppen gleichzeitig tätig waren: eine vom Tunnelanfang in Fließrichtung arbeitend, eine vom Tunnelende entgegen der Fließrichtung fortschreitend und eine dritte Gruppe im Bereich des weiterführenden Ablaufkanals [AYG 85].

## Zusammenfassung

Die Anlagen zum Schutz der Stadt Seleukeia vor Hochwassern und des Hafenbeckens vor Verlandung sind in Planung und Ausführung zweifellos bemerkenswerte Beispiele für den hohen Standard römischer Hydrotechnik. Das Konzept für die Wasser- und Geschiebeumleitung ist in jeder Hinsicht zweckmäßig und würde auch heute, mit dem Wissens- und Erfahrungsschatz des 20. Jahrhunderts aufgestellt, nicht anders aussehen. Die Talsperre und das Umleitungsgerinne (Tunnel, Kanal) gehören zu den wenigen antiken Wasserbauten, die nach fast 2000 Jahre Bestand immer noch ihren ursprünglichen Zweck zuverlässig erfüllen.

## Weiterführende Literatur

[ALK 88] Alkan, A.: Tarihi su tünnellerinin hidrolik ve hidrolojik özelliklerinin değerlendirilmesi açisindan Çevlik tüneli. Dokuz Eylül Üniversitesi, Institute of Science and Engineering, Research Paper No. FBE/INS-89-AR-097, Izmir 1988.

[AYG 85] Aygen, T.: Vespasyanüs-Titüs Baraji. Ilgi, Nr. 43, Istanbul 1985.

[GAR 91] Garbrecht, G.: Talsperre und Tunnel am Hafen von Seleukeia. In: Historische Talsperren, Bd. 2. Stuttgart: Verlag Konrad Wittwer 1991.

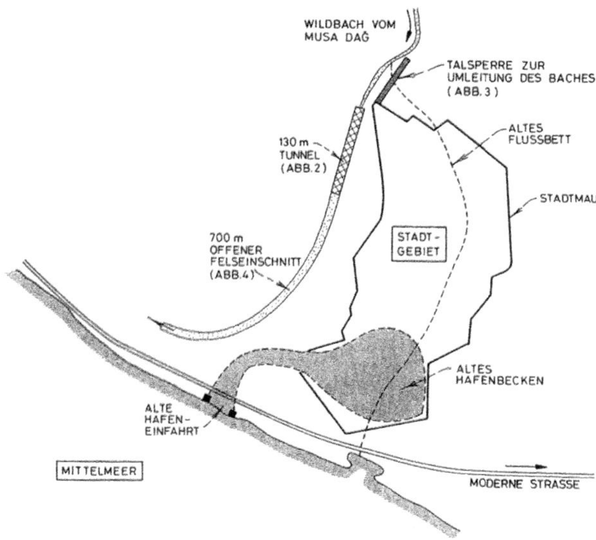


Abb. 1 Lageplan der Stadt Seleukeia Piera (nicht maßstäbliche Übersichtsskizze)

Abb. 2 Einlauf zum 130 m langen Tunnel, 55 m unterhalb (südlich) der Talsperre

Abb. 3 Sorgfältig bearbeitete und gesetzte Kalksteinquader auf der Wasserseite der Staumauer. Vor der Mauer die Verlandungsoberfläche (Zustand 1989)

Abb. 4 Umleitungskanal unterhalb des Tunnels

## Abschließende Anmerkung

Rückblickend auf die hochstehende planerische und bautechnische Qualität der hydrotechnischen Infrastrukturen der Staaten und Städte im Altertum, von der die in diesem Band dargestellten Beispiele Zeugnis ablegen, ist den geschichtlichen Baumeistern für ihre ingenieurtechnisch-schöpferische Leistung Bewunderung und Hochachtung zu erweisen. Eine funktionierende Wasserbewirtschaftung und Wasserversorgung gehörte zu den wesentlichsten Voraussetzungen für die Entwicklung und Blüte der alten Kulturen. Ausweislich zahlreicher Inschriften identifizierten sich die Herrscher voll Stolz mit den unter ihrer Herrschaft errichteten großen Wasserbauwerken. Auch die Gesellschaft war sich der Bedeutung dieser Maßnahmen und Bauten für ihre Existenz bewußt und bewunderte sie.

Bei diesem hohen Stellenwert, der der Hydrotechnik im Altertum beigemessen wurde, ist es erstaunlich, daß die Baumeister, die diese großen Anlagen konzipiert und errichtet haben, nur in Ausnahmefällen bekannt sind. Ihre Erfahrung, ihr Können und ihre Umsicht bei der Planung und beim Bau der großen Wasserschutz- und Wassernutzungssysteme entschieden über das Leben und den Wohlstand der Einzelnen sowie über die Stabilität der Volkswirtschaften als Ganzes. Tontafeln und Inschriften rühmen die Leistungen von Herrschern, Priestern und Feldherren und künden von Kriegen und Eroberungen. Namentliche Ehrungen und Würdigungen der Schöpfer der großartigen hydrotechnischen Infrastrukturen haben jedoch Seltenheitswert.

Die großen Bauten der Antike waren sicherlich nicht nur reiner Selbstzweck oder gar nur der Fürsorge der Herrscher für ihre Untertanen entsprungen, sondern es wurde damit auch das Ziel verfolgt, den Ruhm der Stifter zu mehren. So werden die großen Baustiftungen im römischen Reich auch als bewußte Zeichen der "romanitas" gesehen, die die Herrschaftsstruktur zum Ausdruck bringen und propagieren (Repräsentationsarchitektur). Aus diesem Blickwinkel heraus kann man die in der sozialen Hierarchie des öffentlichen Lebens recht weit unten stehenden Baumeister (die zu den "Hand"-werkern zählten) wohl mit einiger Berechtigung als die "Schweigenden Diener der Gesellschaft" bezeichnen. Sie haben zwar oft Geschichte gemacht, aber sie haben unterlassen (müssen), sie zu schreiben.

## Glossar

| | |
|---|---|
| Aquädukt | Bauwerk (Kanalbrücke) zur Überführung einer Wasserleitung (Kanal, Rohre) auf einem brückenartigen Unterbau über ein Tal oder eine Geländesenke |
| Attika | Halbgeschoßartiger Aufsatz über dem Hauptsims eines Bauwerkes |
| Brunnen | Vertikale, bis ins Grundwasser reichende Schächte zu dessen Nutzung |
| Dendrochronologie | Verfahren zur Datierung von Holz unbekannten Alters durch Vergleich seiner Jahrringmuster mit einem Baumringkalender |
| Depression | Unter dem Meeresspiegel liegende Landfläche |
| Druckleitung | Geschlossene Wasserleitung, in der der Abfluß im Gegensatz zum Freispiegelkanal unter Druck (d.h. nicht mit freiem Wasserspiegel) erfolgt |
| Einzugsgebiet | Geographisches Gebiet, dessen Niederschlag die Wasserführung des jeweiligen Flusses (Vorfluter) bestimmt |
| Hellenismus | Im allgemeinen wird darunter der Zeitraum vom Tod Alexanders des Großen (323 v.Chr.) bis zum Ende des ptolemäischen Reiches (30 v.Chr.) verstanden |

| | |
|---|---|
| Hochwasserentlastung | Einrichtung an Talsperren, mittels derer die Wasserführung des Flusses bei vollem See das Bauwerk schadlos passieren kann |
| Hydraulik | Lehre vom Verhalten des Wassers im Zustand der Ruhe und der Bewegung |
| Hydraulische Leistungsfähigkeitkeit | Vermögen eines Gerinnes (Kanal, Rohr), Wasser zu führen |
| Hydraulischer Mörtel | Unter Wasser erhärtender und wasserfester Mörtel (aus hydraulischem Kalk, Wasser und Zuschlagstoffen) |
| Hydrologie | Lehre vom quantitativen und qualitativen Vorkommen des Wassers in der Natur |
| Infrastruktur | Unterbau einer Volkswirtschaft (Verkehrsnetz, Arbeitskräfte, Versorgungsnetze für Wasser, Gas, el. Energie u.a.) |
| Kanalisation | Städtisches, unterirdisch verlegtes Kanalnetz zur Sammlung und Abführung der Abwässer |
| Kolk | Ausspülungen der Fluß-(Gelände-)Sohle unterhalb von Talsperren und Wehren infolge von konzentriertem Wasserabfluß mit großer Geschwindigkeit |
| Melioration | Bodenverbesserung durch Ent- und Bewässerung |
| m NN | Höhe über dem Meeresspiegel |
| Naumachie | Amphitheater mit Kanalsystemen zur Anlage künstlicher Seen zur Aufführung von Seeschlachten |

| | |
|---|---|
| Nilflut | Einmal jährlich im Spätsommer mit großer Pünktlichkeit eintretendes Hochwasser des Nils |
| Nymphäum | Den Nymphen geweihte Brunnenanlage in der Antike |
| Oberflächenwasser | Im Gegensatz zum Grundwasser frei im oberirdischen Gewässernetz abfließender Niederschlag |
| Opus caementitium | Römischer Beton oder auch römische Betonbauweise. Herstellung druck- und wasserfester Bauteile aus hydraulischem Mörtel und Steinen |
| OW = Oberwasser | Bereich flußaufwärts eines Wasserbauwerkes (Wasserseite) |
| Photogrammetrie | Vermessen eines Bauwerkes mit Hilfe von photographischen Aufnahmen |
| Regulierwehr | Bauwerk zum Kontrollieren und Dosieren (Regulieren) des Wasserabflusses |
| Schüttung | Leistung (Ergiebigkeit) einer Quelle |
| Sinter | Kalkausfällung ($Ca\ CO_3$) aus kalkhaltigem Wasser (die Bildung von Kesselstein ist z.B. eine Sintererscheinung) |
| Talsperre | Quer über das Tal errichtetes Bauwerk (Mauer oder Erddamm) zum Rückhalt (zur Speicherung) großer Wassermengen |
| Trasse | Verlauf (Linienführung) einer Straße oder einer Wasserleitung im Gelände |
| Überlaufbrunnen (Straßenbrunnen, öffentliche Brunnen) | Für die Bevölkerung zur freien Verfügung angelegte Brunnenbecken mit stetigem Wasserzulauf |

| | |
|---|---|
| Überregional | Auch in benachbarte Einzugsgebiete eingreifend |
| UW = Unterwasser | Bereich flußabwärts eines Wasserbauwerkes (Luftseite) |
| Vorfluter | Flußabwärts liegender größerer Wasserlauf, der alle Abflüsse (Niederschlag, Abwässer) aus dem weiter oben liegenden Gebiet (Einzugsgebiet) aufnimmt |
| Wadi | Trockental in ariden Gebieten, das nur bei den seltenen, dann jedoch meist heftigen Niederschlägen (Hoch-)Wasser führt |
| Zisternen | Kleinspeicher zur Sammlung und Speicherung von Regenwasser (Zuleitung von benachbarten Häusern oder befestigten Plätzen) |

## Personen- und Sachverzeichnis

EINBLICKE IN DIE WISSENSCHAFT
VOLKER U. HOFFMANN
Wasserstoff –
Energie mit Zukunft
vdf

GPSR Compliance

*The European Union's (EU) General Product Safety Regulation (GPSR) is a set of rules that requires consumer products to be safe and our obligations to ensure this.*

*If you have any concerns about our products, you can contact us on ProductSafety@springernature.com*

In case Publisher is established outside the EU, the EU authorized representative is:

Springer Nature Customer Service Center GmbH
Europaplatz 3
69115 Heidelberg, Germany

**Batch number: 08566374**

Printed by Printforce, the Netherlands